LE MONTOIS

ESQUISSE GÉOLOGIQUE

Première Partie

CRAIE BLANCHE ET ARGILE PLASTIQUE

PAR

L'abbé Georges POIRIER

DE LA SOCIÉTÉ GÉOLOGIQUE DE FRANCE

AVEC UNE CARTE TOPOGRAPHIQUE A L'ÉCHELLE DE 1/160000[e]

PAR LE MÊME

PARIS

G. MASSON, ÉDITEUR

LIBRAIRE DE L'ACADÉMIE DE MÉDECINE

120, boulevard Saint-Germain, 120

1886

LE MONTOIS

ESQUISSE GÉOLOGIQUE

A LA MÉMOIRE VÉNÉRÉE

DE

Pierre-Alexandre-Savinien POIRIER

ANCIEN CHEF D'INSTITUTION

A MONTEREAU-FAULT-YONNE

HOMMAGE

DE MA FILIALE ET RESPECTUEUSE AFFECTION

LE MONTOIS

ESQUISSE GÉOLOGIQUE

Première Partie

CRAIE BLANCHE ET ARGILE PLASTIQUE

PAR

L'ABBÉ GEORGES POIRIER

DE LA SOCIÉTÉ GÉOLOGIQUE DE FRANCE

AVEC UNE CARTE TOPOGRAPHIQUE A L'ÉCHELLE DE 1/160000ᵉ

PAR LE MÊME

PARIS

G. MASSON, ÉDITEUR

LIBRAIRE DE L'ACADÉMIE DE MÉDECINE

120, boulevard Saint-Germain, 120

1886

PRÉFACE

Dans un premier dessein, j'avais
pensé offrir au public une description
complète de la géologie du Montois.
Déjà, par la voie du journal, quelques
pages de la présente esquisse étaient
parvenues à la connaissance des lecteurs de l'arrondissement de Provins.

Arrêté bientôt et inopinément par de
sérieuses difficultés, au cours même de
mes recherches et du travail de la
composition, j'ai dû renoncer à l'exé-
cution immédiate et intégrale d'un
plan beaucoup trop vaste pour mes
forces, vu l'insuffisance des observations recueillies pour le mener à bonne
fin.

La crainte aussi de rester incompris

d'un cercle de lecteurs généralement étrangers à notre langue et à nos théories scientifiques, le regret également d'avoir peut-être sans profit ou sans grand intérêt occupé les colonnes d'une feuille périodique, m'ont fait préférer à la publicité du journal celle du livre, qui jamais ne s'impose à personne sous forme d'abonnement préalable, et se prend ou se laisse à volonté, suivant le bon plaisir de chacun.

Plein d'un nouvel espoir, je me remis à l'œuvre. La tâche s'avançait au gré de mes désirs, si bien que, croyant cette fois toucher au terme, je formulais déjà, dans un avant-propos prématuré, l'expression trop confiante de mes pensées, ou plutôt de mes rêves. Vanité des vanités! Devant d'autres obstacles, j'étais de nouveau forcé de temporiser. Enfin, pour avoir trop promis d'un coup, je n'en tiendrai pas moins, si Dieu m'en ménage le loisir.

Seulement, instruit par l'expérience et devenu plus sage, j'ai divisé la tâche dont la grandeur et le poids me causaient de si justes alarmes.

Voilà pourquoi, cher lecteur, vous ne trouverez ici que la première partie du programme que je m'étais tout d'abord imposé. Laissez-moi espérer que je pourrai quelque jour, et même prochainement, compléter ce travail par l'étude raisonnée des travertins, dont le rôle est si considérable dans la géologie de nos contrées. J'aurai encore à vous entretenir des lambeaux miocènes abandonnés sur quelques-uns de nos sommets par les dénudations quaternaires. Enfin je serai quitte envers vous et envers moi-même, quand j'aurai montré les phénomènes diluviens façonnant le relief du Montois et lui imprimant sa physionomie actuelle, sinon définitive. Pour le moment, je borne mon ambition et mes efforts à l'examen stratigraphique et théorique de la craie blanche, dernier terme de la série secondaire, et de l'argile plastique, le premier des sédiments tertiaires.

Et maintenant, si l'on me demande à quelle source j'ai puisé, quels documents j'ai consultés, je réponds avec tous les géologues : la source première, authentique, c'est le terrain lui-même, soumis à l'observation directe et suivi pas à pas sur tous les points d'affleurement. Quant à la théorie des choses, malgré quelques vues personnelles, je ne crois pas m'être séparé des maîtres les plus autorisés de notre époque.

Dontilly, le 25 janvier 1886.

AVANT-PROPOS

« Comment peut-on être Persan? » Et par cette boutade, Montesquieu terminait l'une de ses pages les plus originales. Mais, dirons-nous à notre tour, comment peut-on être géologue? Passe encore d'être astronome. Il y a quelque dignité à sonder nuit et jour l'espace infini, l'éther immense, l'Océan illimité où flottent, dans la gloire de leur lumineuse auréole et dans l'éclat de leur brillante parure, les astres mystérieux du firmament. Mais quel intérêt peut offrir à l'humaine curiosité le sol vulgaire que nous foulons d'un pied dédaigneux. Parlez plutôt des beautés de la nature vivante et, si vous l'aimez mieux, faites briller à nos yeux les vives couleurs d'un gracieux paysage. Mais cette science ténébreuse et d'outre-tombe, cet empire caverneux, ce monde occulte et souterrain, digne fils du chaos, séjour de la désolation et de la nuit, ne nous inspire que l'épouvante et l'horreur.

Ainsi parlez-vous, ô profanes! Et cette terre que vous couvrez du suprème dédain de l'ignorance, c'est votre mère. Elle nous recueille, mais ce n'est point assez, elle nourrit notre frêle enfance et nous soutient dans la vie, et cela, malgré l'ingratitude qui nous fait l'ignorer (Pline). Et cependant, elle porte dans ses flancs, comme une seconde révélation de l'Éternel, le secret de ses origines et de la vôtre. C'est une histoire plus grandiose, plus dramatique que toutes les fables et toutes les tragédies humaines. C'est l'histoire même de la création, gravée par la main du temps et sous l'œil de Dieu, en caractères impérissables. C'est l'épopée des grandes révolutions du globe. C'est l'hymne universel où toutes les voix créées célèbrent

dans un concert unanime la puissance du
Créateur.

Or cet hymne triomphal, cette brillante
épopée, cette histoire magistrale, nous en
détachons au hasard un feuillet dont le présent volume n'est que la pâle copie, la trop
infidèle transcription. Peut-être aurons-nous
encouru le reproche de témérité, nous qui
ne savons que balbutier dans la langue des
dieux et des docteurs en Israël. Il nous
restera du moins le faible mérite, trop peu
disputé d'ailleurs, d'avoir concentré nos
efforts sur l'un des points les plus négligés
peut-être de la France tertiaire.

Puisse la présente esquisse trouver un
favorable accueil auprès de nos concitoyens
et des géologues, nos confrères et nos
maîtres! Mais pour être sincère, ajoutons
que notre but a été bien plutôt de faire œuvre
de vulgarisation que de science. Nous n'avons
pris la plume que pour ne pas jouir seul de
la vérité; mais la vérité scientifique, si tristement nue dans les œuvres savantes, nous
avons pris à tâche de la présenter avec tous

ses attraits, sans tomber dans l'exagération et la fantaisie. En est-ce assez pour nous attirer la faveur des profanes et pour ne pas nous aliéner le bienveillant suffrage des savants?

18 octobre 1883.

LE MONTOIS

ESQUISSE GÉOLOGIQUE

I

Topographie générale. — Falaise et terrasse. — Vallées et vallons. — La chaîne vue de profil.

Du contre-fort de Surville, à Montereau, se détache en courant au nord-est et parallèlement à la Seine une chaîne onduleuse de collines. C'est le Montois, région *montueuse* et pittoresque, hérissée de caps aigus, creusée profondément de larges vallées et çà et là de ravins sauvages et de gorges abruptes. Cette ligne capricieuse de « falaises », ou mieux cette « falaise » unique, n'a pas moins de cinquante lieues de longueur développée, si l'on tient compte de toutes les sinuosités qui la découpent jusqu'à la pointe orientale de la Traconne. Nous n'avons pas à la suivre au delà, dans son mouvement de rejet vers le nord, du côté de Sézanne et d'Epernay. Qui ne connaît les plantureux coteaux d'Avize et de Vertus? Une « terrasse » irrégulière de calcaire travertin sépare la falaise proprement dite du vaste et monotone plateau de la Brie.

Ainsi délimité et circonscrit, le Montois s'étend de 23′ à 37′ au nord du 48ᵉ parallèle, entre 0° 37′ (méridien de Montereau) et 1° 21′ (méridien de Fontaine-Denis) longitude est. Sa hauteur au-dessus de la Seine varie entre 137 et 75 mètres (106 mètres en moyenne), et son altitude décroît sensiblement d'orient en occident (207 mètres à Fontaine-Denis, et 125 mètres à Surville ; différence de niveau, 82 mètres).

Mais ce qui donne au Montois sa physionomie propre et son caractère, ce sont les nombreuses découpures qui échancrent ses bords et livrent passage à des cours d'eau dont le débit et le lit actuels contrastent singulièrement parfois avec l'ampleur des vallées. Tous ces bassins ou versants latéraux annoncent ou plutôt rappellent de puissantes érosions, comme nous le verrons en son lieu, et leur alignement assez uniforme indique avec précision la direction des courants qui ont ouvert ces formidables trouées.

Quoi qu'il en soit, vallées et vallons, ravins et défilés, sont autant d'accidents qui donnent au paysage du relief et de l'imprévu. Si l'on pouvait apercevoir de Montereau les points culminants, les lignes saillantes de la chaîne jusqu'à Provins, et en saisir le profil dans un coup d'œil d'ensemble, on verrait toute une série de sommets en forme de croupes allongées ou rebondies s'échelonner successivement et se dépasser de plus en plus vers l'est, à mesure qu'ils s'élèvent en latitude. Mais les buttes de Tréchy (136 mètres) et de Courcelles (138 mètres), qui ont trop bien résisté aux érosions diluviennes, s'élèvent à l'encontre pour intercepter la vue et masquer tour à tour les contours arrondis du Plessis-Châtenay, le cap de Chaupry (116 mètres), la presqu'île de Guillard (121 mètres), le mamelon renflé de Sigy (132 mètres) et le cône surbaissé du Perré-Jutigny (133 mètres). Enfin, si l'œil pouvait discerner les lignes indécises d'un horizon plus lointain, il verrait, encadrés au dernier plan dans le champ d'un même tableau, les hauteurs du château ruiné de Septveilles (140 mètres) et les coteaux élevés de Saint-Brice (152 mètres).

Nous sommes autour du vieux Provins, dont les collines se jouent capricieusement dans tous

les sens, lançant ici et là leurs arêtes fourchues
et dentelées. Mais la Voulzie impétueuse, enchan-
teresse, malgré son air d'apparente modestie, se
hâte de ramener sur les bords fleuris de la Seine
la falaise vagabonde qui s'en était librement
écartée jusqu'alors. En vain celle-ci veut s'at-
tarder encore dans de gracieux méandres, une
force irrésistible l'entraîne, lui laissant à peine
le temps de contourner le vallon de Méances.

Cependant, au cap de Chalmaison (156 mètres), elle recouvre son indépendante allure et,
sans abuser de sa liberté reconquise, d'un pas
tranquille et mesuré, va droit à Chalautre-la-
Grande, montant toujours en altitude (171 mètres au signal du bois Ragot). De Chalautre à
Villenauxe, nouveaux écarts fougueux. L'intem-
pérante n'a pas plus tôt contourné le promontoire
de Saint-Parre, qu'un nouvel excès la jette brusquement dans les défilés de Resson et de la
Doué; et le tour n'est pas achevé qu'elle esquisse
en badinant la péninsule ébréchée de Montpotier.

Mais voici Villenauxe, Dival et le ravin de la
Vaunoise qu'elle tourne, à 180 mètres d'altitude
moyenne, avant de reprendre sa marche accé-
lérée sur Montgenost, Bethon et Fontaine-Denis
(207 mètres).

C'est le dernier terme du voyage, pour nous
du moins qui n'avons pas le droit d'empiéter sur

le domaine voisin, car, au delà, nous l'avons déjà dit, la falaise va s'éloigner à jamais des bords de la Seine, et cessera d'être à nous sans cesser d'être elle-même.

Telle est, au point de vue topographique, l'immense région, la zone géologique dont nous avons entrepris, non sans hésiter, d'écrire l'histoire. Les pages qui suivent sont une description plutôt qu'un traité. Mais à l'exposition fidèle des faits s'ajoute naturellement la théorie, c'est-à-dire la science des lois et des causes.

Le bassin de Paris. — Emersion de la Champagne. — Faune et flore nouvelles. — Le Montois, son caractère mixte, secondaire et tertiaire. — Une objection.

En ce temps-là, une mer intérieure, ou plutôt un vaste golfe aux sinueux contours, couvrait tout le bassin de Paris et, par conséquent, le futur plateau de la Brie, dont le Montois forme aujourd'hui l'extrême limite méridionale. C'est là un fait hors de doute dans l'histoire de nos continents. La Seine, la Marne, n'avaient pas encore creusé chez nous leur lit profond et large. Tout était mer, et les flots, ridés par la brise ou soulevés par la tempête, roulaient, plaintifs ou mugissants, là où s'élève maintenant l'orgueilleuse capitale de la civilisation et des arts; et les vagues blanchissaient d'écume sur nos campagnes aujourd'hui florissantes et peuplées de laborieuses colonies. Que dis-je? le sol qui porte nos cités, nos champs et nos bourgades n'existait même pas. Au fond, c'était la craie, épaisse et boucuse; plus bas encore, toute la série des calcaires jurassiques; enfin, sous les marbres et les schistes, les terrains les plus anciens du globe, la croûte primitive de la planète, à savoir : les granits et les gneiss.

Les Alpes, les Pyrénées, ne dressaient pas leurs fiers sommets, leurs crêtes déchiquetées, et la France n'accusait qu'un faible relief. Nous sommes à l'aurore de l'époque « tertiaire ». Une province voisine de la nôtre, la Champagne, n'était hier encore qu'une immense plaine liquide, et la vie commence à peine d'éclore sur ce nouveau continent fraîchement émergé. Cependant la mer, refoulée et contenue dans de plus étroites limites, se brise contre ses blanches falaises, qu'elle ronge avec frénésie; et dans son sein gonflé un peuple innombrable s'agite, aux formes plus modernes et moins étranges. Nous ne sommes plus au temps des grands reptiles qui sillonnaient les mers jurassiques et crétacées. Les monstres destructeurs ont enfin disparu. *Bélemnites*, *Ammonites*, *Hippurites*, toutes ces créations d'un autre âge s'éteignent à leur tour, léguant aux géologues de l'avenir leurs empreintes ou leurs débris fossiles au sein des couches puissantes de la craie ou des calcaires de Provence et d'Aquitaine. La nature a fait un pas de plus dans la voie du progrès. Un monde nouveau

commence, moins disparate, moins fantastique.
s'il est permis d'ainsi parler. La période tertiaire inaugure sur le continent le règne des
mammifères, dont l'extension ira toujours en
grandissant jusqu'à l'apparition de l'homme; et,
chose digne de remarque, les maîtres nouveaux
du globe s'y développent avec une rapidité qui
tient du prodige. La faune mammalogique de
cette époque a laissé dans le *calcaire* même
de Provins des vestiges remarquables d'une
espèce particulière, les « lophiodons », qui
paissaient librement au bord des lacs où se dépo-
sait le travertin.

Et en même temps, quelle grâce élégante dans
la forme! quelle variété dans les types et les
caractères! quelle force et quelle vigueur dans
les muscles! quelle imposante majesté dans les
proportions! Nous devons au génie de Georges
Cuvier la restauration complète d'un grand
nombre de ces animaux. Sa loi de la « corrélation
des formes » lui a permis de reconstituer, avec
des organes épars, environ cent soixante espèces
qu'on ne retrouve plus sur la terre, et dont les
ossements sont enfouis dans les terrains gypseux
des environs de Paris. Jamais, depuis lors, on n'a
vu plus d'exubérante fécondité dans la nature.
Il est vrai que d'effroyables cataclysmes ont en-
glouti les derniers représentants de ces races

antiques. Il est vrai aussi que l'homme est survenu, — l'homme, destructeur obstiné, qui pourchasse et anéantit tout ce qu'il ne peut discipliner et réduire en servitude.

Mais que dire de la flore tertiaire, qui tient à la fois de la nôtre et de la flore australienne? Les palmiers gigantesques se dressent au milieu des chènes et des bouleaux. Il n'est pas jusqu'aux sables et argiles du Montois qui n'aient précieusement enchâssé les débris de ces végétaux mille fois séculaires.

Voilà, dans son ensemble, le tableau de cette grande époque qui a présidé à la formation de notre sol parisien, depuis l'argile plastique reposant immédiatement sur la craie jusqu'aux sables de Fontainebleau, couronnés par les meulières de Beauce.

Nous avons à faire ici, en ce qui concerne le Montois, une étude spéciale de ces divers terrains. Nous leur demanderons de nous fixer eux-mêmes leur âge relatif, leur mode de formation lacustre ou marine. Nous les interrogerons comme on interroge un livre, dont on parcourt successivement tous les feuillets. Mais tout en nous bornant à l'examen consciencieux de cette province, nous nous permettrons au dehors quelques excursions utiles et même nécessaires.

Le Montois doit à sa transfiguration orographique l'avantage précieux de présenter à découvert et dans leur ordre de succession les assises principales de la formation tertiaire inférieure ; et le talus rapide qui descend à la Seine est la tranchée naturelle qui met tour à tour sous nos yeux ces multiples étages. Loin de nous la prétention de faire de cette modeste zone géologique le type classique par excellence du bassin de Paris. Nos collines ne sauraient avoir scientifiquement l'importance des buttes Montmartre, par exemple, ou du mont Valérien. Mais si le Montois n'occupe qu'un rang inférieur dans la classification officielle des assises tertiaires, si le « calcaire grossier » ou les « marnes et gypses » n'y sont que peu ou point représentés, l'étude n'en est guère moins intéressante à raison de la proximité des dépôts crétacés du *Sénonien*.

Placé aux confins de deux formations bien tranchées, qui se pénètrent mutuellement et ont successivement concouru l'une et l'autre à lui donner sa physionomie et son caractère, il doit à sa double origine un faciès tout spécial, offrant un sujet d'études multiples et variées. D'une part, la craie blanche, à silex noueux et contournés, affleurant à la base et mise à nu sur toute la périphérie du Montois, quelquefois même au sommet des collines ; de l'autre, des argiles et des sables, des marnes et des travertins, des

glaises d'un vert foncé, etc. Il y a donc là deux
ordres de terrains bien différents par l'âge, les
éléments et les caractères. Le Montois, consé-
quemment, est une région doublement intéressante, et force nous est bien de rechercher plus
haut dans la chronologie stratigraphique l'histoire de ses origines.

Mais, ici, une objection nous arrête. Nous
sommes en présence d'un fait étrange, d'une singulière anomalie, qu'il nous faut nécessairement
expliquer. Les coteaux de la Brie orientale dominent la plaine crayeuse de la Champagne, et les
collines tertiaires du Montois s'élèvent comme un
bourrelet saillant au-dessus de la partie d'origine secondaire de cette région. C'est dire, en
termes équivalents, qu'une mer plus récente a
porté ses dépôts à un niveau supérieur à ses
propres rivages. Certes, voilà qui confond toutes
les lois de la physique moderne. L'objection
n'est cependant pas aussi formidable qu'elle le
paraît, et toute difficulté s'évanouit, si l'on se
reporte au temps où la sédimentation tertiaire
était achevée dans nos pays. Alors s'opéra chez
nous, sous l'action corrosive et le choc impé-
tueux des courants quaternaires, un immense
travail de déblaiement et de dénudation qui
creusa les vallée et fit saillir les montagnes. La
craie, roche plus tendre et par suite moins ré-

sistante, fut labourée profondément sur de vastes
étendues. Il en fut de même sur quelques points
pour les sables tertiaires et les argiles. Tous ces
débris, arrachés violemment, furent charriés et
transportés comme de simples alluvions. Et voilà
comment la formation crétacée se trouve aujour-
d'hui dominée, sur la rive droite de la Seine,
par des coteaux d'âge plus récent, tandis qu'elle
se maintient encore, sur la rive gauche, à une
altitude considérable.

Craie blanche. — Ancien relief. — Limites actuelles. — De Montereau à Courcelles. — Les massifs de Gratteloup, de Cutrelles et du Perré. — De Chalmaison à Saint-Nicolas. — La région de Villenauxe. — Relief général.

Un fait positif découle, avec la suprême clarté de l'évidence, de nos précédentes réflexions, c'est que notre système crétacé a beaucoup perdu de sa puissance. Il est difficile de se faire une juste idée du travail gigantesque qui modifia si profondément l'ancien relief. Où sont aujourd'hui les hautes falaises qui dominaient, dans le Montois, les flots de la mer tertiaire? Elles se sont affaissées sous l'effort continu de la vague furieuse ; et plus tard, pour achever leur ruine, les déluges quaternaires en ont emporté les derniers débris. Leurs matériaux roulés et pulvérisés sont allés se perdre au sein des mers, et s'y mêler à d'autres sédiments en voie de formation. Et les galets du Ralloy, voilà les seuls vestiges qui nous restent de leur caduque existence, les seuls indices de leur antique emplacement.

Peut-être en sera-t-il ainsi quelque jour des falaises normandes, avec lesquelles les nôtres offraient alors la plus complète analogie. La nature est toujours en travail, et les œuvres qu'elle enfante ne naissent que pour disparaître bientôt. Il semble que la création se continue sans trêve ni repos à travers les âges, et les formes de la nature vivante ou inanimée se modifient avec lenteur, il est vrai, mais sans interruption sur la scène de ce monde. Il n'y a que l'Incréé qui soit immuable, et ce serait le cas de citer ici le mot fameux du grand poëte lyrique de la Judée, mot vraiment scientifique qui nous révèle, dans sa noble simplicité, les renouvellements continus de la face de la terre, et la série ininterrompue des créations se succédant l'une à l'autre sans secousse comme sans hiatus.

Supprimons donc un instant par la pensée toutes les assises qui se sont tour à tour ou simultanément déposées dans le bassin de la cuvette parisienne, et restituons dans toute leur puissance les masses crayeuses de nos falaises, aujourd'hui réduites ou dispersées. Ces deux opérations préliminaires de restauration et d'élimination ne peuvent que simplifier nos travaux. Il sera d'ailleurs plus logique et plus vrai de nous conformer

à la chronologie stratigraphique, et nous suivrons
l'ordre de superposition des terrains.

Mais d'abord nous avons à déterminer l'étendue
et les bornes du terrain crétacé dans le Montois.
Dès les premières pages de cet opuscule, on l'a
vu, nous nous sommes gravement écarté des
limites adoptées par quelques-uns dans la cir-
conscription géographique de ce pays. Le Montois est bien autrement vaste que le tronçon de
province assez arbitrairement confiné entre la voie
romaine à l'est, et Montigny-Lencoup à l'ouest.
Nous n'en voulons pour preuve que la constitution
même du sol et sa configuration, qui justifient
pleinement son nom. Et si l'on nous demande
une autorité qui fasse foi de nos allégations, nous
renverrons le lecteur à M. E. Levasseur, de l'Ins-
titut (France géologique au 3 500 000°).

Or donc, de Montereau à Villenauxe, la craie
blanche forme une assise compacte, un affleurement puissant et continu. Nous pouvons aisément
toutefois la diviser en plusieurs groupes, assez
nettement séparés d'ailleurs par les alluvions qui
remplissent en général le fond des vallées, dans
leur partie moyenne et basse. Tantôt, c'est une
bande étroite et régulière se développant au pied
et jusque sur le flanc des collines, dont elle forme
le soubassement et l'étage inférieur. Tantôt, c'est
un ruban plusieurs fois replié sur lui-même, dont

les mouvements ondulatoires figurent les multiples anneaux d'un gigantesque reptile. Parfois encore, c'est une large surface amplement étalée où dominent, çà et là, des éminences en forme de pitons ou de cônes isolés. En résumé, la craie, au contact des terrains tertiaires, décrit une courbe fantastique, une ligne bizarre et capricieuse, qui tantôt court précipitamment à l'est, tantôt brusquement se renverse et se rejette à l'ouest, pour remonter bientôt vers le nord ou s'infléchir au midi. Ces contours fuyants et vagues, ces soubresauts inattendus ne sont autres du reste que les sinuosités et les replis de nos chaînes de collines.

Cette formation d'ailleurs n'est point isolée de ses congénères. Elle se relie aux terrains de même âge, au *Sénonien* de la rive gauche, par exemple, sous un épais manteau de graviers et d'alluvions qui la dérobent à nos regards.

A Montereau même et dans les environs, la craie ne forme pas, à proprement parler, une assise indépendante. Elle vient seulement affleurer dans le premier tiers inférieur des coteaux (faubourg Saint-Nicolas). Un instant, elle peut s'étendre à l'aise dans l'enfoncement triangulaire compris entre Saint-Jean et Courbeton. Bientôt s'ouvre la brèche de Salins, au pied de Châtillon; simple vallée où le banc de craie remonte, bifurque et redescend avant de toucher au cap de

Saint-Germain, qu'il double lestement pour filer droit à Courcelles et au Plessis, sur une largeur de 3 à 700 mètres.

Là, l'horizon s'agrandit tout à coup, et soudainement la crête montagneuse, fuyant sur la gauche, s'efface dans la direction du nord-est et s'éloigne de plus en plus du fleuve, qui reste caché sous un épais rideau de peupliers serrés en colonnes dans l'immense et longue vallée. On sent bien que la Seine est libre maîtresse de son cours ; qu'elle n'est plus là prisonnière entre deux chaînes parallèles et rapprochées. Son lit n'est plus un sillon, une tranchée ouverte avec parcimonie au travers d'un vaste plateau, et conquise au prix d'une lutte acharnée sur un sol tenace et résistant. C'est une ample surface, une plaine à perte de vue, couverte maintenant de molles et grasses prairies. Et n'est-ce pas un charme de plus dans son cours de près de deux cents lieues ?

Or, pendant que l'arête fugitive et capricieuse des collines montoises bondit obliquement et fait un saut brusque vers Provins, laissant au cours du fleuve toute liberté de vaguer à loisir, la craie gagne sur elle tout le terrain perdu. Tout à l'heure elle avait peine à dérouler les plis gênés de sa blanche ceinture, resserrée qu'elle était entre les alluvions et l'escarpement abrupt des coteaux. Maintenant le champ est libre et s'ouvre devant elle, car les dénudations antérieures l'ont mise à découvert au large et au loin jusqu'aux bords enchanteurs de la Voulzie. Dans le vaste triangle ayant pour sommets Lourps, les Ormes et Châtenay, elle déploie sans nul obstacle sa surface mollement inclinée vers la Seine. Trois accidents toutefois viennent interrompre et varier la monotone régularité de ce premier plan. Près de nous, sur notre tête, s'avance le promontoire de Chaupry (116 mètres). Son versant nord alimente le faible ru d'Orvilliers ou de Suby. Plus loin, s'allonge la péninsule (121 mètres) de Guillard; et derrière, au fond d'une deuxième vallée plus septentrionale, serpente le ru de Montigny, qui arrose l'antique abbaye de Preuilly. Enfin plus haut encore, se dresse la plate-forme crénelée du Ralloy, dont l'extrémité est se relève et s'arrondit en bosse sur Luisetaines et Sigy (132 mètres).

Cette plate-forme ou terrasse nous cache l'une des plus curieuses et des plus belles vallées du Montois, celle de l'Auxence, qui, par Donnemarie, remonte les gorges tortueuses de Bescherelles et de Guillemard, pendant qu'un autre bras s'en va dans le joli vallon de Chalautre et Gurcy, en traversant les marais tourbeux de la Mothe. Une quatrième vallée, tributaire de la précédente, vient encore se greffer sur l'Auxence à la hauteur de Sigy. Celle-là descend du nord par Thénisy et forme un petit bassin, une sorte de baie évasée, plus large que profonde, où affluent les eaux du versant circulaire de Mons (le Villé), Cessoy, Sognolles et Four (hameau de Savins).

Il va sans dire que la craie se montre à nu dans cette succession de coupures transversales et d'entailles pratiquées au vif dans le plateau tertiaire déchiqueté. Elle affleure, dans toutes ces dépressions latérales, sous forme de longues traînées obliques et sinueuses, ou plutôt de ramifications projetées en divers sens, mais surtout de l'est à l'ouest, par le massif plus important qui s'ouvre devant nous, au pied de l'anguleuse falaise dont Chaupry, Guillard et Sigy sont les bastions flanquants, les contre-forts avancés et solidement arc-boutés.

Mais poursuivons. Plus loin, sur le versant occidental de la Voulzie, apparaît une longue tache blanche, dont la silhouette ondulée dessine à l'horizon plusieurs gradins successifs où dardent en été les feux brûlants de la canicule. C'est la région la plus aride peut-être du Montois, car elle est à peine recouverte sur les pentes d'un rare et maigre limon. La craie atteint dans ces parages une altitude vraiment exceptionnelle (133 mètres au piton du Perré), vu la distance qui nous sépare encore de Villenauxe.

Parfois, au détour du sentier, au sommet de la colline, le voyageur s'arrête un instant, moins pour se reposer et reprendre haleine que pour jeter en arrière un regard observateur et juger, dans cette vue rétrospective, de la distance parcourue ou des beautés du paysage. Nous aussi, faisons ici une courte étape avant de poursuivre notre marche à travers monts et vallées.

La grande assise crayeuse dont la nappe uniforme s'abaisse lentement à nos pieds n'offre pas, à vrai dire, un tout continu et ininterrompu. Le terrain plus moderne des alluvions locales la recouvre en plusieurs points, dans le sens des cours d'eau qui la sillonnent pour descendre à la Seine. De là, dans sa distribution, plusieurs groupes distincts faciles à reconnaître. C'est d'abord, en revenant sur nos pas, c'est-à-dire de de l'est à l'ouest, le puissant massif du *Perré*, traversé du nord au sud par l'ancienne voie romaine. Entre la Voulzie et l'Auxence, de Lourps aux Ormes et de Jutigny à Paroy, s'étend ce premier groupe, dont les eaux se partagent inégalement entre les deux rivières. Au centre, et séparé du précédent par les atterrissements du ru de Volangy (autre nom de l'Auxence), le massif de *Cutrelles* va de Luisetaines à Preuilly, par Bourbitou. Enfin, et se reliant au groupe central par le cours supérieur du ru d'Égligny, le massif de *Gratteloup* dont les deux bras fourchus se projettent comme d'énormes tentacules sur les flancs nord et sud de la péninsule de Guillard, jusqu'à Montigny et Orvilliers.

Nous ne suivrons pas dans le dédale des vallées provinoises les affleurements complexes de la craie. Celle-ci, d'ailleurs, n'arrive point à la surface du sol au nord de l'antique cité, ni dans la Voulzie supérieure, ni dans la vallée du Durteint. Notons toutefois, en passant, son apparition dans le gracieux vallon de Saint-Loup, à Sainte-Colombe et aux abords de Saint-Quiriace. Puis, franchissant la rive opposée, hâtons-nous d'en esquisser les contours à Poigny, autour du massif tertiaire de Septveilles, à Soisy et à Longueville, au débouché du vallon des Méances, et par les pentes de Tachy descendons avec elle, après cette course essoufflée et fantastique, au cap de Chalmaison. C'est là qu'arrêtée brusquement, ou plutôt recouverte par l'invasion soudaine des alluvions anciennes, la zone d'affleurement, forcée de battre en retraite, se rejette sur la gauche au nord-est. Moins saccadée, plus régulière dans sa marche, elle ne fait plus qu'obéir aux flexions, aux ondulations légères de la falaise, gagnant ici, là perdant du terrain, suivant que celle-ci recule ou fait saillie. En même temps qu'elle entre dans la structure essentielle du

plateau, elle en est la contrescarpe et, par une
pente douce comme le revers d'un glacis, elle
vient presque insensiblement se souder au *dilu-
vium* de la vallée. Elle court ainsi de Chalmaison
à Saint-Nicolas et Chalautre-la-Grande, seize ou
dix-sept kilomètres durant, comme un bandeau
inégalement festonné sur les deux bords et replié sur lui-même dans le sens de sa largeur.
Son altitude, en effet, est très variable : légèrement déprimée dans son milieu, entre Servolles
et Maulny, elle se relève à ses deux extrémités
(112 mètres à l'est de Gouaix, 171 mètres excep-
tionnellement au signal du bois Ragot). C'est elle
encore qui constitue, au sud de Saint-Nicolas,
un puissant mamelon (142 mètres) couronné par
un lambeau tertiaire.

Inutile de nous étendre longuement sur les
affleurements de la craie dans la région de Villenauxe. Le bandeau de nature crétacée contourne
péniblement les défilés de Resson, mais bientôt
il s'épanouit, à l'est de la Saulsotte et de Montpotier, en un massif triangulaire (120 mètres
aux Vignaux), sur le revers occidental de la Vaunoise (Noxe ou Villenauxe). Enfin, sur l'autre
versant, apparaît un immense plateau crayeux,
large de sept kilomètres, entre les hautes plaines
marécageuses et boisées de la Traconne, au
nord, et les prairies alluviennes, au midi. Ce

dernier massif monte à 143 mètres, au sud-ouest de Chantemerle, et se continue vers le nord par la craie stérile de Champagne, dont la zone concentrique enveloppe le bassin circulaire de Paris.

Il ne nous suffit pas d'avoir déterminé les contours et les limites du crétacé dans le Montois. Ce serait être infidèle à notre programme et éluder une partie de nos promesses que de n'essayer pas de fixer les éléments minéralogiques de la craie dans notre pays. Nous devons aussi une mention particulière à la faune locale, assez curieuse en elle-même et dans ses rapports avec celle de Meudon. Nous le ferons d'ailleurs sous forme descriptive plutôt que didactique. Une exposition technique, une sèche et froide nomenclature, ne pourrait que rebuter nos lecteurs par son aridité. Nous n'écrivons pas un traité, et nous devons rester dans les limites d'une simple monographie.

Mais d'abord, pour plaire au touriste plus encore qu'au savant, n'avons-nous pas à signaler la différence bien tranchée qui distingue le relief de la craie du relief tertiaire? Après tout, le parallèle ne manque pas d'un certain intérêt. Sans prétendre que l'opposition de sites et de paysages influe notablement sur la constitution physique et le caractère moral des habitants, ne peut-on insinuer qu'elle crée entre ceux du pla-

teau et ceux de la vallée une nuance presque
imperceptible qui suffit à l'observateur attentif,
pour établir entre les uns et les autres une légère
distinction psychologique ? Sans doute, il n'y a
pas contraste frappant, et des relations fréquentes, quotidiennes même, ont amené chez nous
la fusion presque complète dans les idées et
dans les mœurs. Retenons du moins, en passant, que l'homme emprunte au sol natal un peu
de son degré de consistance et beaucoup de ses
horizons vastes ou bornés.

Quelque opinion que l'on en ait, si les habitants du Montois se sont peu à peu et depuis
longtemps fondus dans un seul et même peuple;
si, dans ce mélange intime, ils ont perdu de
part et d'autre leur cachet distinctif de race et
de territoire, on n'en peut dire autant des régions si diverses où la nature les a providen-
tiellement répartis et distribués. Ici, le contraste
n'est pas fictif, il est réel et porte à la fois sur
la constitution interne des deux sols et sur leurs
contours apparents. Le mamelon stérile et dé-
nudé du Perré, par exemple, ne ressemble en
rien aux collines escarpées qui dominent, au
nord, la fraîche et riante vallée de l'Auxence.

La craie affecte, dans ses mouvements super-
ficiels, une allure en quelque sorte nonchalante
et molle. Légèrement et gracieusement ondulé,

le sol crayeux arrondit ses croupes et semble dormir voluptueusement au soleil. N'y cherchez pas les vives arêtes, les lignes sévères, les âpres sommets. Il y a quelque chose d'oriental dans ses formes mamelonnées et rebondies, et merveilleusement il se prête à l'expression d'un relief sans vigueur, mais non sans charme, s'il n'était en même temps d'une désespérante monotonie. C'est comme une mer calme et profonde, qui jamais n'éprouve les colères de la tempête, et qui doucement se ride sous la brise caressante qui l'effleure.

Et maintenant, vous qui préférez aux contours vagues, aux lignes incertaines les sites sauvages et les coteaux à pic, allez dans le pittoresque vallon de Bescherelles. Quel changement à vue! Vous verrez se dresser devant vous la colline tertiaire par excellence, dont la chaîne hérissée forme la dernière enceinte et le dernier rempart de la capitale, depuis les hauteurs de Surville, à Montereau, jusqu'à Laon, en passant par Sézanne, Champaubert et Montmirail [1].

---

[1] On sait que Paris est au centre d'un bassin, fermé du côté de l'est par une sextuple circonvallation de crêtes concentriques. Ces mêmes crêtes forment les lignes naturelles de défense de notre territoire, et les opérations stratégiques de toutes les armées qui l'ont attaqué ou défendu s'y sont toujours coordonnées par

Mais assez de poésie! Nos lecteurs, au surplus, pourraient, non sans quelque raison, ne nous pas prendre au sérieux. Aussi bien n'avons-nous pas promis de dire en quelques mots les mystères de la formation crayeuse avec ses silex noirs et gris à patine blanche ou rose, et les secrets de la faune marine qui s'y rattache?

la force même des choses. Sur la crête la plus intérieure, formée par le terrain tertiaire, ou tout près d'elle, se trouvent les champs de bataille de Montereau, de Nogent, de Sézanne, de Vauchamps, de Montmirail, de Champaubert, d'Épernay, de Craonne, de Laon. (Dufrénoy et Élie de Beaumont, *Explication de la carte géologique de la France*, t. I, *passim.*)

IV

Craie blanche (suite). — La craie en général. Ses variétés. — La craie du Montois. Ses deux éléments. — Le silex pyromaque. Son origine probable. — Fissures de la craie. Ce qu'il en faut conclure.

Ce n'est pas en vain que le crétacé du Montois est ici désigné sous le nom de craie blanche. L'épithète n'est point oiseuse : loin d'être superflue, elle a, au contraire, une extrême importance. La science reconnaît, en effet, dans le terrain crétacé quatre étages principaux.

C'est d'abord, en partant de la base, une craie grise et mouchetée de grains verts ferrugineux de glauconie, la craie chloritée de Brongniart, à découvert dans la falaise voisine du Havre. Ce premier étage, incomplet au cap de la Hève, se termine, dans le Perche et le Maine, par des sables et grès également glauconifères. C'est l'étage cénomanien des auteurs (*Cenomani*, le Mans). — Puis, une craie marneuse, jaunâtre et sableuse, le *tufau* de la Touraine, remarquable par ses grottes creusées de mains d'homme. Des villages entiers sont ainsi construits dans la craie tufacée (étage turonien, *Turones*, Tours). — En troisième lieu, la craie blanche ou graphique, d'une puissance considérable à Sens et dans la Champagne, comme aussi dans tout le bassin anglo-parisien (étage sénonien, *Senones*, Sens). — Enfin, la craie jaune du Danemark, à laquelle il faut ajouter le calcaire pisolithique de Meudon (étage danien, *Dania*, Danemark).

De toutes ces formations diverses, une seule existe à découvert dans le Montois, la craie *sénonienne*, et nous n'avons mentionné les autres variétés que pour fixer relativement la date géologique de son apparition. Encore devons-nous la distinguer, sous le nom de craie supérieure ou de Meudon, de la craie noduleuse de Champagne (sous-étage campanien). Celle-ci est en même temps plus pauvre en concrétions de silex.

Au point de vue minéralogique, deux éléments de même nature, quoique d'origine différente, concourent à la fois à la formation de notre crétacé. L'analyse chimique y découvre le calcaire ou chaux carbonatée à l'état de « particules amorphes », c'est-à-dire sans forme cristalline régulière et bien déterminée. Mais un examen plus attentif de cette roche friable et terreuse y révèle, en même temps, au moyen du microscope, la présence d'un nombre incalculable de carapaces fossiles, appartenant au genre Foraminifère, animalcules tenant le milieu entre les Echinodermes et les Polypiers. La faune contemporaine en offre des représentants, et d'Orbigny a compté jusqu'à *cent soixante mille* de ces individus dans un seul gramme de sable des Antilles. Plancus, avant lui, en avait trouvé *six mille* dans une once de sable de l'Adriatique. Or, c'est par milliards ou, pour mieux dire, à l'infini, que les minuscules dépouilles de ces singuliers petits êtres se sont accumulées dans la masse de la craie. Leur test calcaire, indestructible à raison même de son inconcevable petitesse, est le plus souvent de forme globuleuse ou sphérique, et chaque granule de glauconie de la craie cénomanienne pourrait bien n'être lui-même que le moule interne de cette coquille microscopique.

« La puissance infinie du Créateur, a dit d'Orbigny, ne se révèle pas moins dans cette multitude d'êtres inaperçus, dont le nombre compense l'extrême petitesse, et dont la multiplicité est telle, qu'ils jouent, à notre insu, l'un des premiers rôles dans l'ensemble de la nature, que dans les grands animaux qui, par la régularité de leur organisation, la complication de leurs organes et la richesse de leur mécanisme vital, attirent presque exclusivement l'attention des hommes. »

La craie a dû nécessairement se déposer avec lenteur au fond d'une vaste mer, sorte de Pacifique, où l'action des «organismes constructeurs», comme on les a si justement appelés, n'était troublée par aucune commotion ni aucun bouleversement du sol sous-marin. Un phénomène identique s'accomplit d'une manière analogue dans nos mers actuelles, et le fond de la Baltique s'exhausse ainsi graduellement depuis des siècles. Le fait n'est d'ailleurs pas unique dans l'histoire de l'écorce du globe. Les calcaires carbonifères de Russie sont pétris de *fusulines*, et le calcaire grossier de Paris, notamment à Gentilly, sur la Bièvre, renferme plus de *trois milliards* de foraminifères par mètre cube, tellement qu'on peut dire, avec d'Orbigny, que la capitale de la France est presque bâtie avec des foraminifères.

Après avoir ainsi constaté la double composition ou la double origine organique et minérale du crétacé du Montois, il nous reste à parler d'une substance accidentelle qui s'y rencontre fréquemment, nous voulons dire le *silex pyromaque*. Qui n'a vu, alignés horizontalement dans les blanches parois de nos carrières, ces rognons tuberculeux et contournés, dont la mystérieuse présence excite l'étonnement de l'observateur et a dû servir de thème à bien des commentaires naïfs de la part de ceux qui exploitent la craie pour l'amendement de leurs terres? D'où peuvent donc venir ces silex disposés en cordons réguliers parallèlement à l'horizon, ou encore injectés à la manière des filons métallifères ou autres? Quelle peut être l'origine de ces masses informes, cariées ou compactes, d'un brun fauve ou d'un noir de jais? Les galets du Ralloy, nous le verrons plus tard, ne sont eux-mêmes que des fragments roulés de ces étranges tubercules aux mille formes fantastiques.

Voici du phénomène l'explication la plus plausible et la plus vraisemblable, et le lecteur nous saura gré de lui épargner ici de longues et laborieuses recherches dans les traités spéciaux. La silice, abondamment répandue avec la chaux dans les mers crétacées, s'est précipitée par voie de concentration, et sous la force de l'attraction moléculaire, autour du squelette de certains spongiaires *siliceux* en décomposition. Ailleurs, c'est par voie d'injection et sous forme de filons projetés par des sources thermales qu'elle a traversé la masse sédimentaire.

En terminant la question des éléments de la craie, nous avons à signaler un fait qui n'est pas à négliger, parce qu'il est à lui seul la preuve irréfutable de l'origine aqueuse de tous nos terrains. Nulle part que nous sachions ce phénomène n'est plus manifeste et plus sensible que dans la craie. La masse entière, comme on peut aisément s'en convaincre, est sillonnée dans tous les sens à la fois par des fissures profondes qui donnent à la carrière l'aspect d'une haute muraille dont les matériaux, pierres taillées ou moellons, seraient très irrégulièrement enchevêtrés[1]. Or, c'est là un phénomène dû au retrait et à la solidification d'une matière primitivement liquide et pâteuse qui s'est lentement desséchée et durcie, postérieurement à l'émersion.

Mais nous nous sommes laissé entraîner bien loin, au risque de nous perdre cent fois, par l'immensité du sujet. Nous ne voulions que l'aborder en passant, malgré l'aridité de la question minéralogique, et nous nous sommes attardé dans la multiplicité des détails. Il est grand temps de revenir sur nos pas. L'examen des fossiles s'impose désormais à notre attention, et certes il n'est point de sujet qui excite à un plus haut degré la curiosité humaine, ni qui soit plus digne de nos méditations.

[1] Il ne faut pas confondre ces fissures avec les lignes et plans de stratification.

V

Craie blanche (suite). — Fossiles en général. — Historique de la question. — Faune crétacée du Montois. — Bélemnites, Oursins et Brachiopodes. — La tribu des Acéphales.

L'Égypte a ses pyramides et ses hiéroglyphes, la Terre a ses fossiles qui sont au géologue ce que les médailles sont au numismate, les monuments à l'historien. Les vestiges conservés intacts dans les entrailles du sol attestent mieux que les théories spéculatives d'une science abstraite la réalité des faits géologiques.

« C'est aux fossiles seuls qu'est due la naissance de la théorie de la Terre », a dit Cuvier.

Ce principe si clair, si lumineux, si fécond, Bernard Palissy, *l'inventeur des rustiques figulines*, l'avait formulé bien avant tous les modernes dans la langue naïve et forte du seizième siècle. « Nulle pierre, disait-il, ne peut prendre forme de coquilles, ni d'aultre animal, si l'animal même n'a bâti sa forme. »

Ce grand savant, doublé d'un grand artiste,
qui apprit la science « avec les dents », fut
incompris et méconnu de ses contemporains, et
deux siècles plus tard Voltaire, par d'ineptes
critiques, prouvait une fois de plus la frivolité
de son esprit et la légèreté de ses connaissances
en matière scientifique.

Mais l'immortel poète des *Métamorphoses* n'a-
vait-il pas chanté dans des vers impérissables,
encore présents à toutes les mémoires, les perpétuelles transformations de la vie à la surface
du globe?

> *Rerumque novatrix,*
> *Ex aliis alias reparat Natura figuras.*
>
> Ovide, Mét. XV. 252.

L'inconstante Nature, et sur terre et sous l'onde,
D'un monde qui n'est plus refait un nouveau monde.

Et plus loin, vers 262 :

> *Vidi ego, quod fuerat quondam solidissima tellus,*
> *Esse fretum. Vidi factas ex æquore terras.*
> *Et procul a pelago conchæ jacuére marinæ.*

J'ai vu des continents s'abîmer sous les eaux,
Surgir du sein des mers des continents nouveaux,
Et loin des océans, dans la terre enfermée
Des mollusques marins l'empreinte inanimée.

Telles furent, d'après l'ingénieuse fiction du poète latin, les sublimes leçons de Pythagore de Samos, dans son école de Crotone [1]. L'illustre chevalier romain ne fut pas toujours aussi bien inspiré.

Malgré ces intermittences de vérité, malgré ces éclairs de bon sens brillant de loin en loin dans la suite des siècles, trop longtemps encore les fossiles furent considérés comme de simples « jeux de la nature »; trop longtemps la routine entrava les efforts de l'expérience et paralysa l'initiative de ceux que leur esprit d'intuition nous fait regarder à juste titre comme les ancêtres de la paléontologie. Mais pourquoi nous étonner de ce retard après tout providentiel? « Les vérités de la nature, a dit Buffon, ne devaient paraître qu'avec le temps, et le souverain Être se les réservait comme le plus sûr moyen de rappeler l'homme à lui, lorsque la foi déclinant serait devenue chancelante. »

Or, ce que n'avaient pu faire le patient labeur d'un Palissy, le style enchanteur et magique d'un Buffon, Cuvier, le créateur de l'anatomie comparée, l'entreprit à son tour. C'est lui qui fit re-

---

[1] Inutile de relever ici l'anachronisme poétique qui fait de Numa, le roi législateur des Romains, l'auditeur et le disciple de Pythagore.

vivre sous nos yeux étonnés, non plus de fragiles coquillages incrustés dans la pierre. mais un peuple entier de mammifères enfouis et dispersés dans les gypses de Montmartre. La science des origines et des révolutions du globe était fondée.

Ceux de nos lecteurs qui pouvaient douter encore seront-ils désormais convaincus? Il nous a paru bon de refaire ici brièvement l'historique de la question. C'était préparer les esprits à l'étude de la faune crétacée, et prévenir les objections de l'incrédulité sceptique ou de l'ignorance naïve en matière de fossiles.

A nous, maintenant, modeste géologue du Montois. la tâche moins glorieuse et plus facile d'aller chercher dans leur sépulture mille fois séculaire les dépouilles blanchies de nos antiques populations marines. Tous ces êtres, aujourd'hui pétrifiés, qui dorment de l'éternel sommeil dans la substance même de la roche, ont bien réellement vécu. La mort, une mort toute naturelle, les a surpris souvent, et pour nombre d'entre eux, au lieu même de leur naissance et de leur développement. Ce n'est pas un cataclysme qui les a subitement anéantis. La boue crayeuse et calcaire, se déposant lentement sur le fond, les a peu à peu recouverts, pendant que d'autres générations s'épanouissaient à des horizons supérieurs. Et l'œuvre du néant et de la création, du trépas et de la vie, allait se continuant d'âge en âge, de siècle en siècle, jusqu'au jour où la mer, lasse enfin d'édifier assise sur assise, se retirait vaincue dans une enceinte plus étroitement limitée, laissant aux flancs de ses antiques sédiments les débris de ses mollusques au test indestructible, de ses oursins à la carapace épineuse, de ses bélemnites au rostre interne allongé et conique, et enfin de ses sauriens gigantesques, derniers représentants de la faune secondaire.

Reportons-nous, par la pensée, vers cette lointaine et mystérieuse époque dont l'antiquité déconcerte et défie tous les calculs. Dans ces lieux aujourd'hui luxuriants de végétation, où les villages se pressent, habités par un peuple de travailleurs; où l'astre du jour baigne de sa lumière ici de verdoyantes prairies ou des champs cultivés avec art, là des pentes dénudées ou des coteaux ombragés de verts sapins et de chênes vigoureux, une mer ondulait mollement sous les feux ardents d'un soleil tropical, une mer, non pas morte, mais puissamment animée, où la vie se déployait à l'aise avec une intensité que rappelle seule maintenant la fécondité des mers océaniennes.

Toutefois, malgré cette vitalité pleine de ri-

chesse et de magnificence, la faune de la craie
blanche dans son ensemble est assez uniforme.
Elle affecte de préférence certains caractères pré-
dominants, certains types fréquemment répétés
et multipliés jusqu'à la profusion.

La nature, parcimonieuse, avare même de ses
dons envers nombre de races mieux favorisées
autrefois, se montre ici généreuse à l'excès à
l'égard de quelques familles privilégiées.

Les *Ammonidées* [1] sont en pleine décadence,
après avoir eu aux époques antérieures une
période brillante et glorieuse.

Par contre, le règne des *Bélemnites* [2], autre
genre de Céphalopodes [3], conserve tout son éclat
jusqu'à la fin des temps secondaires.

En somme, la variété n'est pas le caractère distinctif de la faune crétacée dans le Montois, non
plus que partout ailleurs dans la craie blanche.
De longs siècles durant, les générations se suc-

[1] Mollusques dont la coquille imite les circonvolutions
des cornes de bélier. Les Grecs et les Romains repré-
sentaient Jupiter Ammon avec une tête de bélier. D'où
le nom de *Corne d'Ammon* ou d'*Ammonite*.

[2] Du grec *Belemnon*, flèche, à cause de la pointe conique, seul débris qui nous reste du singulier mollus-
que.

[3] Première classe des mollusques, selon Cuvier. Corps
charnu en forme de sac, tête armée de bras ou tentacules.

cèdent sans éprouver de modification sensible. C'est une ère qui s'achève lentement, dans un calme profond, en attendant qu'une autre commence.

Il a été déjà parlé des Foraminifères [1], qui édifièrent à eux seuls les énormes assises de la craie, œuvre de géants et de cyclopes, accomplie par d'infimes animalcules. Notre attention va désormais se porter sur d'autres organismes plus accessibles à nos sens. Nos excursions géologiques dans les différentes carrières du pays ne laissent pas d'avoir été fructueuses, et çà et là nous avons pu recueillir de nombreux spécimens, assez toutefois pour établir l'étroite relation et l'affinité des fossiles du Montois avec ceux de la craie de Meudon.

Des deux parts c'est la Bélemnite ou plutôt la Bélemnitelle (*Belemnitella mucronata*) [2], à qui revient l'honneur de caractériser cet horizon. Dernier survivant d'une grande famille de cé-

[1] Coquilles microscopiques, *foraminées*, c'est-à-dire percées de trous et de pores nombreux d'où s'échappaient des filaments contractiles.

[2] La Bélemnitelle se distingue des autres bélemnites par un sillon latéral, à l'extrémité supérieure du rostre. En voici les dimensions, d'après un exemplaire intact recueilli par nous : longueur du rostre, $0^m,10$; diamètre, $0^m,015$; sillon latéral, $0^m,03$. A la hauteur du sillon, le rostre est évidé en forme de cône renversé.

phalopodes aujourd'hui disparue, la Bélemnite
doit son nom à l'osselet interne et conique qui
soutenait inférieurement le sac charnu de l'animal. La seiche actuelle et mieux encore le cal-
mar nous peuvent donner une idée de ce qu'était
la Bélemnite des anciens temps géologiques.
Ce fossile étrange abonde dans nos pays. Combien nous est-il arrivé d'en briser de ces ros-
tres fragiles, avant d'en obtenir l'échantillon
complet ! Que de fragments perdus dans les
graviers de transport, égarés au milieu des
guérets !

Un mot encore sur un fossile d'un si haut
intérêt. Maintes fois vous l'avez rencontré, chers
lecteurs, et plusieurs parmi vous n'y ont vu
qu'un caprice du hasard, une fantaisie de la
nature. L'imagination rêveuse de nos pères en
avait fait un produit de la foudre. Il y a pourtant
dans cette régularité géométrique, dans ce dessin d'une parfaite symétrie autre chose qu'une
fortuite agrégation de molécules. A n'en pas
douter, ce sont bien là des vestiges organiques.
Et, ce qui plus est, de tels débris ne sont pas
rares dans le monde souterrain. A tout instant
le pic du terrassier les fait voler en éclats dans
la carrière, et le ciseau du naturaliste les détache
avec un soin jaloux et presque respectueux. Les
Bélemnites étaient donc, nous pouvons l'affirmer,

à l'apogée de leur puissance au déclin du secondaire, et c'est par bandes nombreuses et serrées qu'elles sillonnaient les mers de nos parages : la pieuvre des temps antiques régnait en souveraine indépendante dans le domaine crétacé.

Mais pendant que le vif animal fendait à reculons les flots de la mer sénonienne et projetait, pour se mettre à couvert des agressions de l'ennemi, squale ou reptile, une liqueur noirâtre qui troublait les eaux environnantes et le dérobait dans sa fuite, de paisibles colonies s'épanouissaient florissantes, non loin du rivage ou sur les récifs qui venaient presque affleurer à la surface de l'élément liquide. Vraisemblablement d'innombrables îlots émergèrent de bonne heure au-dessus de l'immense bassin. En tout cas les gisements fossilifères du Montois, la nature même des fossiles, ne révèlent pas de grandes profondeurs océaniques. Est-ce que nous ne sommes pas à la veille d'une émersion? Est-ce que les grands abîmes ne sont pas déjà comblés?

Laissons là l'hypothèse et passons. Les Echinodermes [1] (*Echinos*, hérisson de mer), par la variété de leurs formes et de leurs espèces, peuvent avantageusement rivaliser avec les Bélemnites.

---

[1] Première classe de l'embranchement des *Rayonnés* (Cuvier).

Bien plus, à la différence de celles-ci, les oursins fossiles ne sont jamais isolés. Ils sont unis dans la mort, comme ils le furent dans la vie, et la découverte d'un seul individu suffit souvent pour enrichir de bien d'autres sujets la collection de l'amateur. On en a vu jusqu'à six à la fois dans un seul bloc de silex. Quoi d'étonnant! la lenteur de leurs mouvements ne leur permettait guère de s'éloigner du centre de la colonie, tandis que la Bélemnite, intrépide nageur, pouvait partout librement circuler.

Ces sortes de hérissons marins au test étoilé, à la carapace ovalaire ou cordiforme, avaient, comme les échinides modernes, une coque de nature calcaire divisée du sommet à la base en vingt séries rayonnantes de plaques polygonales, dont les mamelons étaient armés d'épines raides et cassantes. Celles-ci manquent à l'état fossile; le flot les a disséminées partout et très inégalement dans la masse sédimentaire, mais leur point d'insertion demeure parfaitement visible.

Près du rivage, dans les cavités qu'ils se creusaient eux-mêmes, ces petits animaux, ramassés en groupes et sédentaires par nature, se nourissaient d'herbes marines. C'est là que s'écoulait leur paisible existence. D'ailleurs, qu'avaient-ils tant à redouter sous le couvert de leur abri protecteur, je veux dire de leur épineuse carapace?

L'homme n'était pas là pour les aller troubler dans leur silencieuse retraite, comme il arrive de nos jours à quelques-uns de leurs descendants (oursin comestible, *echinus esculentus*).

Chez les oursins fossiles, tantôt la craie, tantôt le silex, remplissent les parois intérieures du squelette; dans le second cas, l'enveloppe calcaire se brise facilement et se détache[1], il n'en reste plus que le moule interne; mais là encore quelle fidélité à conserver les moindres détails, les traits les plus délicats du dessin primitif! Tels aujourd'hui nous les retrouvons dans nos plaines crayeuses au milieu des cailloux anguleux, arrachés au sous-sol et dispersés par les déluges quaternaires. Enfin, pour terminer par un détail curieux, sur leurs tests, à demi cachés dans la vase, de mignons coquillages avaient élu domicile avec une liberté presque irrévérencieuse. Le cas est fréquent, nous en avons des exemples sous les yeux.

Le lecteur nous saura gré de lui épargner ici la longue et fastidieuse énumération de toutes les variétés d'échinides que renferme la formation crétacée. Nous ne pouvons nous dispenser toutefois de citer au premier rang l'*Ananchyte*

---

[1] Calcaire spathique, lamelleux et chatoyant, dans l'oursin; fibreux, dans la bélemnite.

ovale et la grande famille des *Micrasters*, dont le test présente une échancrure latérale, du côté de la bouche, comme chez les modernes *Spatangues* (*Spatangos*, hérisson marin), vulgairement appelés *Cœurs de mer*.

Avec les oursins, la série des fossiles de la craie est loin d'être épuisée. Après la Bélemnite, rapide comme la flèche qui fend les airs; après les Echinodermes à la démarche lente et grave comme celle du hérisson, il nous faudrait nommer, parmi les Brachiopodes, la Rhynchonelle, au bec recourbé de l'oiseau de proie, et dont les valves, dilatées comme deux ailes de papillon, sont ornées de plis gracieux et d'élégantes broderies; la Térébratule, moins coquette peut-être, moins richement festonnée, et facilement reconnaissable à sa charnière dont la courbure est plus légèrement prononcée.

Il nous faudrait citer encore, parmi les Acéphales, le Spondyle épineux, avec son armature implantée sur deux valves élégamment plissées. Mais tous ces mollusques sont rares et clairsemés en comparaison de la tribu si féconde et si riche des *Ostracés*. Çà et là, sur les hauts-fonds, accrochés aux récifs, ces curieux acéphales formaient des amas, des bancs considérables. Ce sont les ancêtres de nos huîtres communes, et nous les retrouvons groupés et comme entassés irrégulièrement les uns sur les autres. Une espèce en particulier paraît avoir dominé dans cette faune exubérante : c'est l'*ostrea vesicularis*, dont les valves obliques et déprimées font saillie sur la gauche de l'opercule. Enfin pouvons-nous, sans rester incomplet, ne pas nommer les *Inocérames*, dont une espèce à la coquille épaisse et fibreuse [1] ne peut, hélas ! échapper à la destruction et se brise en mille fragments, quand le ciseau du géologue est assez audacieux pour en tenter la conquête? Qu'il nous suffise de les suivre d'un œil jaloux, mais discret, au travers de la masse qui les protège contre la cupidité du savant.

Mais il faut nous borner. Nous ne pouvons tout dire. Ce que nous savons n'est rien; l'inconnu est immense et presque infini. Un autre monde nous appelle; toute la série des terrains tertiaires nous sépare de cet âge secondaire qui nous a jusqu'ici retenu et pour ainsi dire absorbé. Puisse la tâche à venir n'être pas trop au-dessus de nos forces !

---

[1] J'ai cru pouvoir rapporter à l'*Inoceramus Cuvieri?* certains fragments de bivalves qu'on rencontre souvent en petits lits horizontaux et comprimés.

VI

Avant de dérouler ici le tableau si complexe et parfois même si confus des terrains tertiaires du Montois, ne convient-il pas tout d'abord d'insister sur le caractère qui les distingue, isolément ou pris en masse, de la formation crayeuse qui les précède et leur sert de base ou d'assiette en même temps que d'enceinte? D'autant que la distinction devient un véritable contraste, non seulement par l'opposition purement superficielle du relief, comme déjà nous l'avons signalé, mais encore et surtout par l'extrême différence de nature et d'origine.

On ne le dira jamais trop : le travail sédimentaire, dans les temps crétacés, avait été marqué au plus haut degré du signe de l'unité et de la simplicité, comme aussi du caractère de la puissance. Qu'avons-nous observé jusqu'ici? Quels éléments se sont offerts à nos investigations? La craie, roche éminemment une, éminemment homogène, et formant dans l'architecture du globe une assise imposante et grandiose par la profondeur de sa masse et l'étendue de son développement.

Assurément, un tel dépôt atteste une ère de calme et de longue tranquillité. Des océans troublés et bouleversés par de perpétuelles oscillations de l'écorce terrestre n'auraient pas laissé après eux une masse aussi compacte, aussi puissante et toujours identique à elle-même. L'étude seule des fossiles a permis de subdiviser en horizons distincts les couches de la craie, que leurs caractères minéralogiques semblaient jusque-là autoriser à confondre dans une seule et même formation. Or donc, une brusque et rapide succession des phénomènes géogéniques, au sein des mers aussi bien qu'à la surface des continents, eût nécessairement amené dans la suite des assises de fréquentes interruptions, de nombreuses lacunes, correspondant aux déplacements des bassins maritimes ou des vallées continentales. Or, encore une fois, rien de semblable dans l'édifice de la craie. L'épaisseur et l'unité de la masse témoignent de la régularité et de la lenteur du dépôt.

En est-il de même pour la période qui suit

immédiatement? Évidemment non. A peine les
vastes dépressions du golfe anglo-parisien étaient-
elles comblées par les derniers sédiments de
l'époque secondaire, qu'un nouvel ordre de choses
commençait à se manifester. L'immense région
sous-marine qui s'étendait des confins de la Cham
pagne au cœur même de l'Angleterre élevait tout
à coup au-dessus des flots ses points les plus
extérieurs et, devant ce mouvement d'émersion,
la mer sénonienne opérait sa retraite vers ses
deux centres principaux, Londres et Paris.

Le faciès marin s'affirme encore au début dans
les premiers sédiments de l'époque (galets et
poudingues). Mais bientôt commencent à s'accuser
les symptômes de la « division du travail », suivant l'heureuse expression de M. A. de Lapparent.
Soumis à des fluctuations sans cesse réitérées,
oscillant autour d'un axe indéfinissable lui-même,
le bassin de Paris tantôt disparaît tout entier sous
une nappe d'eau marine, tantôt offre l'image
d'une plaine entrecoupée de lacs immenses et de
lagunes, où des fleuves déversent leurs eaux li-
moneuses et calcaires et charrient pêle-mêle des
débris d'animaux et de végétaux. De là, dans les
dépôts, une infinie variété, une association confuse, une sédimentation souvent obscure. De là
ces alternances de calcaires grossiers marins, de
calcaires lacustres et de marnes marines. De là

ces argiles déposées dans de vastes estuaires
ensablés. Mais n'anticipons pas. Il ressort désormais clairement de ce qui précède que nous
sommes en présence d'une multitude confuse, en
apparence, de terrains hétérogènes et disparates,
sans relation évidente les uns avec les autres. Et
cependant, nous ne sommes pas appelés à constater ici, non plus qu'ailleurs, un assemblage
fortuit et désordonné. Une intelligence plus vaste
que la nôtre va présider au développement de
cette phase nouvelle, qui prélude merveilleusement à la création de l'homme, en préparant en
vue de ses besoins les matériaux les plus vulgaires, à ce qu'il semble, et néanmoins les plus
précieux. Nous sera-t-il donné, malgré l'infirmité
de notre vision, d'entrevoir l'ordre secret qui
règne au fond de ce désordre, la loi lumineuse
et féconde qui éclaire de ses splendeurs ce chaos
apparent?

En terminant la description déjà longue du
crétacé dans le Montois, nous n'avons rien dit
d'une formation exclusivement locale qui vient
s'interposer parfois entre la craie supérieure et
le terrain d'argile plastique. Le calcaire pisolithique, ou pisolithe, bien connu à Meudon, offre
chez nous trois lambeaux isolés, adossés à la craie
en forme d'escarpement. Ces lambeaux ont par
eux-mêmes trop peu d'importance pour mériter.

dans une esquisse générale, une étude moins sommaire et plus détaillée. Qu'il nous suffise de les signaler à droite et à gauche de la voie romaine, au pied des bois de Four, et sur la rive gauche de la Voulzie, en montant au bois de Tachy. Ces formations éparses, rangées autrefois par plus d'un géologue dans le groupe tertiaire, sont aujourd'hui regardées comme l'équivalent ou comme un dépôt synchronique de la craie du Danemark.

A part donc les trois points signalés ici, l'argile plastique est, partout ailleurs, directement en contact avec la craie blanche, qui tapisse le fond du golfe.

N'allons pas toutefois nous figurer la nappe crayeuse, base future de toutes les assises tertiaires, comme un plan régulier et parfaitement horizontal. Cette couche, qui va devenir le *substratum* des nouvelles couches, fut, immédiatement après son dépôt, labourée et sillonnée en divers sens par des courants d'une violence telle, que leur passage a laissé d'ineffaçables empreintes sur les bords et même dans toute l'étendue du bassin. Naturellement cette phase de trouble et d'agitation prend place aux confins des deux époques, et l'émersion plus ou moins précipitée de la zone crétacée extérieure marque le point de départ et l'origine d'une révolution passagère, mais violente, qui a suffi pour raviner superficiellement et même profondément la couche sous-marine.

La craie offre donc l'image interne d'un relief tourmenté, et les traces de cette perturbation se révèlent çà et là par l'inégalité des affleurements, surtout au voisinage des étages supérieurs, dans la région mixte qui nous intéresse[1]. C'est là, en effet, que se manifestent dans toute leur intensité les phénomènes dont nous parlons, phénomènes qui ont tantôt déterminé dans la craie sous-jacente de profondes cavités, tantôt découpé le rivage en y ouvrant de larges brèches. En sorte que non loin d'une aspérité qui se dresse, une dépression se creuse, comblée postérieurement, nous le verrons sans retard, par une argile souvent très pure, accompagnée, suivie et précédée de sables fins ou grossiers et parfois même d'apparence granitique.

De plus, comme pour indiquer la forme générale et l'enceinte primitive du golfe, la craie qui se relève rapidement de Montereau à Villenauxe-

---

[1] Dans la seule forêt de Preuilly, sur la route de Donnemarie à Châtenay, la craie vient affleurer maintes fois, à une altitude de 120 à 130 mètres, coupant ainsi les bancs de sable de l'argile plastique. Ces affleurements complexes n'ont pu figurer sur la carte géologique de la France (feuille de Provins).

la-Grande [1], s'abaisse plus rapidement encore au-dessous de l'horizon dans la direction de Paris. Elle plonge sous la vallée avant d'atteindre Vernou, entraînant avec elle l'argile plastique, qui ne tarde pas elle-même à disparaître. Cette inclinaison remarquable atteste bien la disposition en cuvette du bassin parisien.

Nous pouvons maintenant rechercher avec soin les rivages de cette mer dont nous avons exploré les profondeurs. Il n'est pas impossible de restituer, au moins dans leur ensemble, les contours fugitifs de l'ancienne côte. On n'ignore pas qu'un dépôt littoral se distingue aisément d'une formation pélagienne ou de pleine mer. Des sables, des galets sont rejetés sur la plage par l'effort combiné des vents et des marées, tandis que les limons argileux et calcaires s'en vont au loin dans un milieu moins troublé, où le calme des flots permet aux éléments en suspension de *se précipiter*, dans l'ordre de leur pesanteur. Cela tient à l'extrême ténuité de leurs molécules.

Or si, remontant la vallée de la Seine, de Montereau à Villenauxe. nous suivons fidèlement la pente sinueuse qui termine le plateau de la

---

[1] Dans la région de Villenauxe, la craie monte aux deux tiers de la hauteur totale des collines environnantes.

Brie, nous ne verrons pas sans un certain étonnement des amas considérables de galets de couleur sombre, accumulés de distance en distance, les uns désagrégés au milieu de sables ferrugineux incohérents, les autres cimentés en manière de poudingues. Ces mêmes poudingues forment les rochers pittoresques des bords du Loing, aux environs de Nemours. Souvent le grès qui les empâte a l'apparence d'un véritable *quartzite*, au grain brillant et lustré. La roche est alors d'une extrême dureté et résiste longtemps sous le choc répété du marteau.

Les deux vallons de Repentailles, près de Salins, et d'Orvilliers, près de Montigny-Lencoup, sont jonchés de ces agglomérations curieuses, que nous retrouvons successivement sur les deux versants de la vallée de Gratteloup; à la lisière de la forêt, au nord de Preuilly; au sommet et sur les pentes du Ralloy; à la Fontaine-aux-Bois, sur la route de Sourdun à Nogent; à Montpotier, dans l'Aube; à Chantemerle, dans la Marne, etc. Mais, à notre avis, la plate-forme du Ralloy mérite plus particulièrement d'être citée, d'autant que les galets y ont été jadis activement exploités comme de précieux matériaux pour l'entretien des routes. Non loin de là, à quelque distance du parc (château du Plessis), on peut admirer un superbe poudingue. Oursins et bélemnites n'étaient pas

rares naguère dans cette région plus riche peut-
être en silex roulés qu'en terre végétale. Le
laboureur intrigué les a sans doute précieusement
recueillis dans le creux du sillon, en n'y voyant
qu'un spécimen des mystérieux caprices de la
nature. Le fait est qu'ils ont disparu comme par
enchantement, et nous sommes tenu de nous en
référer sur ce point au témoignage d'autrui. Ce
n'est pas là d'ailleurs ce qui nous intéresse davantage. Notre but est désormais pleinement atteint :
le littoral que nous cherchions est enfin recons-
titué dans ses grandes lignes, dans ses traits
principaux.

Après l'observation scrupuleuse des faits, c'est
notre droit, c'est aussi notre devoir, dans la
faible mesure de nos lumières, d'en rechercher
la raison d'être, d'en formuler la théorie. Cette
théorie, nous en empruntons les éléments et les
principes aux phénomènes actuels. Les mêmes
lois qui régissent à l'heure présente notre obscure planète régnaient jadis d'un continent à
l'autre avec autant de force et non moins de grandeur. Le même soleil préside encore aux mêmes
phénomènes. Le seul degré d'intensité a pu varier
dans les solennelles manifestations de la vie du
globe, à travers les temps géologiques. *Nihil novi
sub sole*, a dit le Sage. Et cette admirable et
féconde unité du plan de la création n'est-elle pas

une preuve éloquente en faveur de la Divinité, un magnifique hommage rendu par la nature fidèle et soumise à l'Être providentiel?

Du haut de nos falaises déchues, promenons un instant nos regards étonnés sur la mer immense, aux mille voix confuses, dont les flots courroucés roulent tumultueusement à nos pieds. La masse liquide, oscillant en cadence, s'élève et s'abaisse tour à tour. C'est un mouvement chronométrique, une alternance régulière de flux et de reflux qui gonfle et dégonfle son sein palpitant. Mais en même temps, quel prodigieux labeur! L'inconstant et mobile élément fait œuvre à la fois de destruction et d'édification. Les érosions modernes de la côte normande sont une image fidèle, affaiblie peut-être, de ce travail lointain qui se perd dans la nuit des âges. La vague affolée vient battre sans relâche le pied de la muraille, dont le sommet est devenu notre observatoire. L'obstacle inattendu redouble sa fureur. Elle fuit, reprend bientôt sa course vertigineuse, recule encore et de nouveau se jette à l'assaut du roc rebelle. Mais ce roc, ce n'est point l'indestructible granit de Bretagne, c'est la craie légère et sans consistance. Le flot démolisseur en détache des fragments, des blocs souvent énormes. Et tout à l'heure l'escarpement fragile qui nous protège contre l'invasion menaçante, ébranlé lui-même et vaincu dans cette lutte inégale, s'affaissera pesamment sur sa base. Telle est l'action corrosive des eaux marines sur les falaises.

Voici maintenant l'acte suprême, le dénouement de ce drame séculaire, qui n'est autre chose que la lutte de l'Océan contre la terre ferme. De toutes ces ruines la mer fera deux parts. L'une sera portée au large dans les parties profondes. Ce sont les éléments calcaires dissous, broyés, pulvérisés à l'infini. L'autre tombera sur place et subira, dans un va-et-vient perpétuel, de notables transformations. Les silex seront à leur tour violemment jetés les uns contre les autres ; leurs fragments s'entre-choqueront avec fracas. Déjà, dans cet indescriptible tumulte, ils ont perdu le vif de leurs arêtes. Encore quelques heures, et le puissant travailleur qu'on nomme la mer en aura fait des galets et des sables, dernier résidu de la trituration. Cependant un courant littoral vient à longer la côte. Aussitôt il s'empare de cette masse tout entière qu'il chasse devant lui, et les galets s'en vont ainsi, cheminant au pied des falaises, jusqu'à ce que le courant qui les emporte vienne expirer sur une plage tranquille et doucement inclinée, où le flot montant les dépose en cordons successifs à différents niveaux. Il est juste d'ajouter, toutefois, que beaucoup de ces cailloux roulés tombent inévitablement dans les cavités ou dépressions, ouvertes sur leur parcours, ou s'accumulent au pied des récifs, en avant de la falaise.

Voilà donc l'origine des galets du Montois. Voilà, chez nous, les premiers sédiments de l'époque tertiaire, si l'on peut appeler *sédiments* une formation purement mécanique. C'est du moins un dépôt littoral, à tous égards intéressant, qui nous permet de relever d'une manière assez précise les limites de l'ancienne mer.

VII

Autre caractère des cailloux roulés. — Incertitudes qui en résultent. — Lambeaux par dénudation. — Argile plastique. Définition et variétés. — Formations contemporaines. — Accidents minéralogiques.

Les galets et poudingues sont un dépôt littoral : tel en est le premier caractère. Ils en ont un second, comme tous les dépôts modernes analogues, c'est qu'ils forment des bancs intermittents et discontinus. On ne les rencontre pas également sur tout le périmètre du Montois, à la base de l'argile plastique. Encore bien que d'un précieux secours pour limiter les rivages perdus de l'ancien monde, leur état d'isolement devient un obstacle à la rigueur mathématique du tracé. Il ne saurait suffire, en effet, de relier entre eux par des lignes imaginaires les points authentiquement connus. Ce serait s'exposer, par de téméraires calculs, à de graves erreurs. Sans vouloir atténuer la valeur de nos dernières observations, gardons-nous d'en exagérer l'importance, en les prenant dans un sens par trop absolu.

Au reste, il n'entre pas dans notre pensée de restreindre le tertiaire aux seules limites précédemment indiquées, et de le confiner étroitement sur la rive droite de la Seine. Plus d'une fois et sur plus d'un point, son domaine s'est accru, sans nul doute ; accroissement compensateur des pertes subies d'autre part. Ainsi en va-t-il encore à notre époque : affaissement et soulèvement, ces deux phénomènes de dynamique terrestre agissent toujours d'une manière sensible sur nos côtes, en leur imprimant un mouvement oscillatoire et comme un va-et-vient de bascule.

Mais indépendamment de cette hypothèse, n'avons-nous pas dans les quelques lambeaux perdus et disséminés au milieu des vastes régions de la craie l'indiscutable preuve d'une extension jadis plus considérable du bassin tertiaire? Témoin les sables du Parc-de-Pont (209 mètres) et de la Butte Chaumont (195 mètres), sur la rive gauche de la Seine, humbles *îlots* séparés aujourd'hui du *continent*, pour nous servir d'une métaphore passée d'ailleurs dans la langue scientifique. Témoin le tertre de Grayon (121 mètres), dominant les deux vallées de la Seine et de l'Yonne, à quelques kilomètres en

amont du confluent. Et sans chercher ailleurs,
n'avons-nous pas ici même de ces tronçons mu-
tilés, débris solitaires abandonnés au hasard à
la cime de certaines protubérances crayeuses?
C'est d'abord, à l'est de la Saulsotte, un
mamelon de forme ovalaire (167 mètres), qui
semble détaché d'hier de la péninsule argilo-
sableuse de Montpotier. C'est un autre monticule
isolé (142 mètres), au sud de Saint-Nicolas.
Puis, au cœur même du Provinois, l'île plus
vaste encore et plus riche de Septveilles (140
mètres au cap nord, 137 mètres au cap du
midi), que baignent les eaux de la Voulzie et du
ruisseau des Méances: nous aurons bientôt à y
revenir. C'est enfin le mont boisé de Sigy
(132 mètres), qui recèle inopinément dans ses
larges flancs crayeux des sables et des argiles
complètement isolés de leurs congénères de
Preuilly. Tout récemment encore, nous retrou-
vions sur le versant qui regarde Cutrelles toute
une famille de poudingues échouée tristement
dans une vigne, en compagnie de blocs non moins
volumineux de grès dur.

Or, il faut bien admettre qu'à l'origine les
lambeaux en question faisaient partie du grand
massif central, ou *continent* tertiaire, pour user
d'une expression qui rend notre pensée plus sensible. Ils ne sauraient appartenir à un bassin

différent; et s'ils sont aujourd'hui séparés du plateau de la Brie, c'est en vertu non d'une faille, d'une fracture, d'une dislocation du sol intermédiaire, mais d'une dénudation violente à la surface : dénudation causée par un cataclysme effroyable.

S'ensuit-il de là que nous devions reporter plus loin, et même jusque sur la rive gauche du fleuve, la frontière maritime du bassin? Et ce, sans tenir nul compte des formations évidemment littorales du Montois? Nous sommes loin de le penser. Le seul fait, la seule conséquence légitime que nous soyons en droit de déduire logiquement, c'est l'extrême irrégularité de la ligne côtière. Rien n'empêche que le rivage, après avoir suivi la limite orientale du Gâtinais jusqu'à la hauteur de Montereau, se soit maintes fois replié sur lui même avant d'atteindre Montpotier et Villenauxe, projetant ainsi des deux côtés du fleuve actuel d'étroites et longues péninsules. Et cette configuration sinueuse, indécise même dans ses multiples ondulations, nous la retrouvons de nos jours dans les côtes frangées et découpées de la Grèce, et mieux encore dans les fiords scandinaves. La nature a horreur, semble-t-il, du plus court chemin. A l'inflexible ligne droite elle préfère les courbures harmonieuses. Et si cette marche aventureuse et désordonnée déroute ou complique les calculs du savant, l'artiste et le poète y trouvent un charme infini.

Mais quel âge donner à ces formations littorales, à ces galets incohérents ou non? A quel étage les rapporter? Dans quelle assise rentrent-ils? Leur âge, leur position stratigraphique : deux questions qui n'en font qu'une et qu'il est facile de résoudre. Par le fait même qu'ils se sont déposés au voisinage des côtes et bien avant toute modification notable de celles-ci, les silex roulés sont de tous les terrains tertiaires les premiers en date, tout aussi bien que les sables détritiques ferrugineux qui les accompagnent. Est-ce à dire que la durée de leur formation s'arrête là brusquement et ne dépasse pas le cycle des premiers âges? A Dieu ne plaise. Ils n'en apparaissent pas moins dès l'aurore des temps dont nous écrivons l'histoire; et l'illustre Brongniart, l'émule et le collaborateur de Cuvier, les rapportait avec les classiques « poudingues de Nemours » à son étage de « l'argile plastique ».

L'argile, on vient de le voir, désigne ici une assise plus ou moins complexe plutôt qu'une roche de nature particulière. C'est que le terrain de ce nom renferme, outre l'argile caractéristique, d'autres éléments qui lui sont associés au point de n'en pouvoir être séparés, ni sous le rapport du temps, ni sous le rapport de la position qu'ils occupent. En somme, cette roche, éminemment plastique, doit à sa haute valeur industrielle, à ses caractères homogènes et bien tranchés, l'honneur de désigner l'étage tout entier, bien que, il faut l'avouer, elle n'y domine pas toujours.

« L'argile plastique, a dit excellemment Brongniart, est onctueuse, tenace, généralement composée de silice, d'alumine et d'eau, n'offrant, dans le plus grand nombre de cas, que des traces de chaux, de fer, et ne faisant aucune effervescence avec les acides. » C'est donc un silicate hydraté à base d'alumine, de même essence et de même composition que le kaolin de Saint-Yrieix, d'origine feldspathique. Voilà une définition qui va bien à l'argile du Montois ; éminemment savonneuse, douce et grasse au toucher, elle devient, en de certaines circonstances, d'une remarquable pureté, quelle que soit du reste sa couleur : blanche, grise ou brune. Malheureusement, une variété si précieuse n'est que trop rare ou trop profondément enfouie dans le sol ; l'extraction en est alors dispendieuse, et l'industrie s'en empare à des prix relativement élevés.

A côté de cette argile-type, et souvent au même lieu d'exploitation, il s'en trouve de communes et de grossières. En général, avant d'arriver à la terre fine et vraiment plastique

(terre à faïence), il faut traverser en profondeur
des glaises plus ou moins sableuses et quelquefois marneuses; des argiles bariolées et panachées
de teintes vives, de nuances multicolores, par de
l'oxyde de fer disséminé. Celles-ci ne manquent
presque jamais; on les réserve pour la poterie
vulgaire, pour la brique et la tuile. Ailleurs, c'est
dans un ordre inverse que les différentes variétés
se superposent, quand elles ne sont pas, comme
il arrive de toute nécessité, mélangées et con-
fondues, au grand désespoir des exploitants. Il
peut se faire, aussi, qu'un banc de sable vienne
s'intercaler entre deux bancs d'argile, dont le
plus inférieur est alors complètement oxydé par
de la rouille de fer.

La formation plastique ne porte avec elle
aucune trace de stratification, même la plus rudi-
mentaire, à l'exception peut-être de certaines
parties schisteuses, qui ne doivent du reste leur
disposition feuilletée qu'à des empreintes végétales, comme à Cessoy. Les molécules se sont
déposées en masse et brusquement, à la manière
d'un précipité chimique, au fond des dépressions
et des poches de la craie, à demi comblées déjà
par les sédiments arénacés. Ceux-ci forment des
lits, des amas, pour mieux dire, d'une épaisseur
souvent considérable, sur tout le pourtour exté-
rieur du plateau. Les sables en question ne

seraient-ils pas vraisemblablement d'anciennes barres, d'anciens cordons littoraux qui se seraient, à une certaine époque, interposés mécaniquement entre la pleine mer et la région des côtes? C'est une question à réserver et dont la solution viendra plus tard. Pour l'instant, achevons de débrouiller, s'il est possible, tous les éléments constitutifs de notre premier groupe.

Si confus qu'ils paraissent de prime abord, ces éléments, — considérés non plus isolément, d'après quelques observations éparses, mais par voie de synthèse, au moyen d'une étude appliquée à toute la zone d'affleurement, — affectent-ils une tendance marquée à s'ordonner entre eux suivant une loi quelconque? Et malgré l'irrégularité qui se manifeste accidentellement aux yeux, dès qu'on se borne à une portion limitée de terrain; malgré les interversions locales, peut-on, en recueillant et combinant toutes les données fournies par l'ensemble et la généralité des couches établir, *à posteriori*, une série stratigraphique à peu près uniforme? En dernière analyse, le désordre préjugé se résoudrait-il dans un ordre caché, et l'exception apparente serait-elle susceptible, sans un violent effort d'esprit et d'imagination, de rentrer dans une règle certaine, dont la seule formule serait voilée, au lieu d'éclater au grand jour de l'évidence?

Le problème, s'il est résoluble, dépend lui-même d'une loi qu'il importe de préciser et de mettre en lumière. L'argile proprement dite forme, dans les cavités de la craie sous-jacente, des *amas distincts*, *indépendants* les uns des autres ; ce n'est donc pas, à dire vrai, une assise continue. Or à ce théorème, qui n'admet aucune exception, s'ajoute bientôt le corollaire que voici : *latéralement*, l'argile passe à des sables qui viennent combler les vides, les interstices ; et non seulement sur les flancs, mais encore à la base, au sommet, souvent même au milieu de la formation plastique, l'observation signale des dépôts meubles et sableux. En sorte que, suivant une loi nettement déterminée, il y a, sur un seul et même horizon absolument indivisible, alternance fréquente, avec substitution réciproque, de sédiments vaseux et arénacés dont le synchronisme, reconnu par tous les géologues, s'impose à notre créance avec tous les caractères de la certitude.

Les sables dont nous parlons sont eux-mêmes tout aussi variés de couleur, de finesse et de composition. Du blanc pur on les voit successivement passer au gris cendré, au blond fauve, au jaune et au rouge d'ocre, etc. On sait que ces couleurs ne sont dues qu'à des oxydes métalliques.

Il y a le sable quartzeux, produit et résidu
de la désagrégation des roches anciennes et
cristallines; le sable siliceux, dernier terme de
la trituration des silex de la craie. Le plus souvent, quartz hyalin (vitreux) et silex sont mélangés en proportions diverses, avec prédominance
marquée de l'un des deux éléments.

Beaucoup sont d'une extrême ténuité, comme
de la fine poussière. D'autres ont le grain plus
fort, anguleux dans la variété siliceuse; arrondi
dans l'espèce d'origine quartzeuse. Les sables
fins doivent à leur finesse même et à leur légèreté relative d'être restés en suspension dans
le transport au sein des eaux courantes et d'a-
voir conservé leurs arètes vives.

Enfin, à côté des sables homogènes, exempts
de tout alliage et de toute impureté, il s'en
trouve de ferrugineux et même d'argileux, assez
impropres (ces derniers du moins) aux besoins
de l'industrie moderne, soit pour mortiers, soit
pour macadam. Ce qui n'empêche que les for-
gerons préhistoriques s'y creusaient à la hâte
un fourneau rapidement improvisé et naturellement réfractaire, comme à Chalautre-la-Réposte.

Or à tous les degrés de cette vaste échelle ap-
partiennent les grès dont il nous faut maintenant
parler. Suivant le ciment qui les pénètre et ag-
glutine les grains entre eux, ils sont tour à tour

ferrugineux, argileux ou siliceux. Les premiers sont fréquents dans l'assise inférieure, où ils n'acquièrent toutefois qu'un faible volume, sans former non plus des bancs réguliers. Il arrive aussi que le fer, concurremment avec la silice, joue le rôle de ciment dans la pâte lustrée de quelques poudingues. Les seconds sont plus rares et se désagrègent facilement sous l'influence corrosive des agents atmosphériques. Leurs éléments, grossiers pour l'ordinaire, paraissent empruntés, comme les sables impurs qui les encaissent, à des dépôts remaniés après coup par les eaux, dans le terrain essentiellement instable des estuaires et des deltas.

Mais venons aux grès vraiment dignes de ce nom, à ces roches d'un volume souvent énorme, dont la dureté, la cassure et le brillant rappellent, à s'y méprendre, l'aspect des quartzites ardennais. Ces grès, dont l'exploitation difficile et le degré de résistance prouvent d'ailleurs l'incontestable supériorité comme matériaux de pavage et d'empierrement, ont pris naissance dans la partie la plus élevée de l'étage. Déchaussés, mis à nu par l'enlèvement des sables, à une époque déjà reculée, ils se retrouvent en place, notamment à Montpotier, terre classique entre toutes, à ne considérer que l'horizon parfaitement défini sous le nom d'argile plastique.

Échoués parfois jusque sur la craie, ils forment, sur le flanc gauche de la belle vallée de Resson, des amas incohérents, dont l'effet pittoresque est un souvenir, un écho affaibli des éboulements grandioses de la forêt de Fontainebleau ; c'est en petit l'image du chaos. En vain le fer, dans la robuste main du carrier, l'attaque sans relâche et de tous les côtés à la fois, la masse invulnérable semble renaître à nouveau d'une destruction qui devrait l'épuiser.

Ces grès, nous les voyons encore, mais en blocs isolés, émergeant à demi des profondeurs du sol, dans les plaines de Champagne, assez loin quelquefois de la falaise, et jusque dans nos villages riverains de la Seine, sur le bord des chemins raboteux, aux angles des pignons rustiques et sur le seuil des chaumières. Un jour, un ancêtre quelconque les a irrévocablement posés à l'endroit qu'ils occupent, et nul n'a songé depuis à porter une main profane sur ces témoins vénérables du passé, plus respectés peut-être que les monuments de nos tombeaux. C'est toujours la même marche, devant la porte à claire-voie ; le même siège dur et grossier, sous l'appui de la fenêtre ; la même borne inébranlable au bout de la rue tortueuse. Ah ! si ces pierres pouvaient parler, quels récits émus, naïfs et touchants, tristes ou gais, leur voix ferait entendre à nos oreilles ! Que

de générations ces blocs solitaires n'ont-ils pas
vues passer! La joie et la douleur, la santé gail-
larde et la maladie languissante et blême, l'amour
et la haine, la paix et la guerre, la vie et la mort,
ils ont tout vu, et c'est à peine si l'usure des
siècles a entamé leur écorce rugueuse. Le temps
les a seulement vieillis, en leur donnant la teinte
grise et rougeâtre d'un soleil couchant dans les
nuages.

Mais une autre voix sort de ces ruines. Leur
présence dans ces lieux rend un autre témoignage : celui de leur propre histoire.

Épaves d'un monde écroulé, d'un effondrement
gigantesque, dans une heure de révolution que
jamais homme n'a vue, elles sont restées là,
comme ces vieux débris de murailles ou de rem-
parts démantelés, tristes monuments de la fureur
des sièges et des batailles, portant fièrement
encore la cicatrice des coups que le désordre des
temps leur a portés.

Et ceci est une histoire qui, pour être plus
ancienne mille fois que les annales sanglantes de
l'humanité, n'en garde pas moins avec elle le
caractère de la certitude et l'infaillible marque de
l'authenticité; car alors le fleuve, gonflé par des
crues exceptionnelles, poussé hors de ses rives
par des courants extraordinaires, creusait, agran-
dissait son lit impuissant à le contenir, et de force

il délogeait, balayait, chassait en avant, charriait
dans ses eaux les sables mouvants et légers, les
molles argiles, la craie friable et tendre. Mais,
quant aux roches agrégées, protégées contre
l'entraînement rapide par leur cohésion, leur
volume et leur poids, elles n'ont pu, tout équilibre
perdu, que chanceler sur leur assiette ébranlée et
se précipiter, dans une chute verticale, au fond
des dépressions où leur présence nous étonne
maintenant : c'est que toute une assise était là,
qui les portait à son sommet et qui, secouée dans
ses fondements, fatalement dut céder en face de
l'assaut irrésistible, en ne laissant après elle que
ces vestiges misérables. Encore ceux-là sont-ils
des témoins éloquents de l'ancien régime tertiaire
et de la rude catastrophe des temps diluviens.

D'ailleurs ils ne sont pas les seuls monuments
qui attestent le dogme de l'érosion quaternaire. A
côté d'eux, dans les mêmes bas-fonds humides,
gisent à l'aventure les roches agglomérées de
l'assise inférieure; à chaque pas, vous les pouvez
heurter, et l'assemblage bigarré de leurs galets
multicolores fait naître l'illusion d'une véritable
pièce de marqueterie. Puisque nous rappelons à
l'instant les poudingues, arrêtons ici une digression déjà longue.

Les grès de l'argile plastique ne se présentent
pas invariablement comme des blocs d'un seul

tenant; très souvent ils affectent la forme d'un *conglomérat* [1] à gros et petits éléments, très disproportionnés; car, dans un même sujet, le menu gravier se voit fortement accolé à l'énorme galet, dont il ne diffère pas au fond. On aurait tort de confondre ces agrégats difformes avec les véritables poudingues. Dans l'espèce, ils sont plutôt l'œuvre imparfaite, inachevée d'un remaniement partiel et postérieur. Leur lieu d'origine est, en vérité, au contact des marnes de transition, entre l'argile plastique et le calcaire lacustre: c'est là seulement qu'on les retrouve en place, et même, en de certains lieux, le gravier détritique libre remonte jusque dans les premières couches du travertin. Ne pourrions-nous dès lors y voir un simple phénomène d'érosion ou d'affouillement des fleuves et lacs de l'époque sur le fond ou sur les rives de leurs bassins?

Pour qui voit autrement que d'un regard superficiel et distrait les mêmes effets se reproduire journellement ailleurs avec la même régularité mécanique, la chose après tout n'a rien d'insolite. Le seul point difficile, alors que tout est boule-

---

[1] Ces conglomérats, éboulés, comme les grès et poudingues, au pied des falaises, portent dans le pays le nom singulier de *carnasse*. Est-ce à raison de leur extrême dureté?

versé de fond en comble, est de reconstituer les
linéaments précis d'une géographie purement
rétrospective et de faire à nouveau la répartition
des bassins avec vallées et déversoirs. De larges
fleuves, des lacs immenses là où s'élève aujour-
d'hui le relief imposant des collines, quelle
surprise, il faut l'avouer, pour un esprit naïf
et peu préparé par le spectacle monotone des
temps actuels à supposer que l'antique nébu-
losité, devenue planète, ait jamais pu changer
de face et de configuration ! On est assez enclin
à croire à l'immobilité stationnaire du globe,
lorsque dix générations consécutives peuvent
à peine apprécier les lentes variations de la
morphologie terrestre. Les faits n'en subsistent
pas moins dans leur pleine intégrité, et sous
l'écorce brute et matérielle des faits gît la cause
essentielle, efficace, ignorée du vulgaire, ou
méconnue par un volontaire aveuglement.

Ici, nous anticipons sur la question réservée
des lacs du travertin, quand nous n'avons pas
achevé la description de notre première assise.

De tous les corps de la nature le fer est sans
contredit l'un des plus universellement répandus.
Le monde sidéral en est lui-même richement doté,
si l'on en juge par le millier de météorites dont
l'origine céleste est vraiment authentique. Ici-bas
(pour nous servir d'une locution reçue, quoique

ne répondant plus aux données de la science
astronomique), on peut dire qu'il est partout, dans
les trois règnes, mais surtout dans le règne minéral, source première où vont puiser les organismes. Tous les terrains le contiennent, anciens
et modernes, terrains de sédiment et terrains de
cristallisation. Il y est en filons, en amas, en
couches interstratifiées, en concrétions éparses;
il imprègne de ses oxydes des formations en-
tières; même il trahit sa présence dans le limon
superficiel de la terre végétale. Tour à tour cris-
tallin, grenu ou compacte, lamelleux ou spathique, terreux ou lithoïde, il passe par les états
les plus divers, depuis les noirs cristaux magné-
tiques et la pyrite jaune d'or, verdâtre ou livide,
jusqu'aux vulgaires concrétions pisolithiques,
noduleuses et géodiques[1], disséminées au milieu
des dépôts, presque de tout âge et de toute nature.

Après cela, comment s'étonner que les pre-

---

[1] On appelle *pisolithes* des globules formés de couches
concentriques très minces, et produits par des eaux
agitées et fortement chargées de matières en dissolution.
Tel est le *fer en grains*. Les *nodules*, ainsi nommés de
leur forme noueuse et tuberculeuse, se sont consolidés
au milieu de matières encore molles. Tels sont les silex
de la craie. On donne le nom de *géodes* aux nodules et
rognons offrant à l'intérieur une cavité souvent tapissée
de cristaux.

mières couches tertiaires du Montois soient
pénétrées d'infiltrations ferrugineuses? L'immense cordon de sable et d'argile qui se déroule
à des hauteurs très inégales, mais sans se
discontinuer, sur le pourtour de la falaise, en
est à la lettre imprégné et comme saturé, surtout
vers la base de la formation. L'argile emprunte
au peroxyde l'étrange bigarrure, le bariolage de
ses teintes vives et tranchées; les sables, leur
couleur fauve ou brune.

Mais ce n'est pas uniquement par de simples
phénomènes de coloration que le fer accuse ici
sa présence. Il y est autrement et mieux encore
qu'à l'état de division infinitésimale, et ce n'est
pas chose absolument rare que de le trouver en
nodules mamelonnés et compactes, dans les argiles. Quant aux sables, il y pullule en vérité,
du moins ici et là, sous forme de petites géodes
à croûte jaunâtre dont les parois internes sont
tapissées de poussière d'oligiste [1].

Non moins remarquables sont les fragments
minéralisés d'origine végétale, bois flottés de

---

[1] L'*oligiste* est un peroxyde de fer anhydre à poussière
rouge; il se distingue par là de la *limonite*, qui est un
peroxyde également, mais hydraté, c'est-à-dire, combiné chimiquement avec l'eau, et à poussière jaune.
Dans nos géodes, l'hydratation ne pénètre guère au-delà
de la croûte superficielle du petit minéral.

toute sorte, ensablés et convertis, par un phénomène bien connu sous le nom d'*épigénie* [1], en fer
hydraté. Malgré l'inévitable écrasement produit
à la longue par la pression des couches encais-
santes, ces fossiles d'un nouveau genre sont
admirables de conservation ; les rugosités de
l'écorce, les fibres du tissu ligneux y ont laissé
leur fidèle empreinte, et l'on verra bientôt quel
merveilleux et puissant intérêt se dégage de la
considération théorique de telles pétrifications.

Aux amateurs passionnés d'archéologie préhistorique, curieux de savoir à quelle source ont
bien pu s'alimenter les forges primitives de nos
pays [2], nous croyons avoir suggéré, par ce qui
précède, une solution pour le moins acceptable.
A une époque où d'épaisses forêts couvraient le
sol de la Gaule, interceptant toute voie de com-
munication, croira-t-on par hasard que les forge-

[1] L'*épigénie* désigne proprement la substitution d'une
substance à une autre, sans altération de la forme primitive du corps ainsi modifié dans ses éléments intrin-
sèques ou essentiels.

[2] L'industrie préhistorique du fer est attestée dans
le Montois, notamment à Chalautre-la-Réposte, non
seulement par les innombrables scories répandues sur
le sol, mais encore par des fourneaux remplis de
minerai imparfaitement réduit et scoriacé, mélangé
de charbon de bois. Le village actuel de Chalautre
s'élève sur l'emplacement même des anciennes forges.

rons du Montois s'en allassent bien loin quérir
le précieux minerai? N'est-il pas plus simple de
supposer que ces populations nomades mettaient
à contribution les gîtes voisins de leur campe-
ment, quittes à porter ailleurs le siège de leurs
travaux, une fois la mine épuisée? La matière
première ne manquait pas ; encore moins, le
combustible. Voilà, pensons-nous, tout le secret
d'une industrie locale qui se perd dans l'obscu-
rité des âges. Pauvre industrie sans doute, timide
et incertaine, sans art, sans règle ni méthode,
parvenue, à force de tâtonnements et d'expé-
riences, à quelque résultat douteux, gage d'un
succès meilleur et plus positif.

Le lecteur nous pardonnera cette digression
qui n'est d'ailleurs pas une superfluité ; l'épisode
venait bien ici pour confirmer notre thèse des
éléments accidentels de l'argile plastique. Passons maintenant aux origines de la formation,
en nous appuyant toujours sur la théorie des
phénomènes actuels.

VIII

Théorie de l'argile plastique. — Fleuves et rivières. — Levées et cordons littoraux. — Étangs
et lagunes. — Colmatage par alluvions. — Phénomènes éruptifs. — Conclusion.

Si nous voulons arriver sans trop de peine et
d'embarras à l'intelligence rationnelle des faits
purement stratigraphiques, soumis tantôt à une
minutieuse analyse, il ne sera pas hors de
propos d'en présenter le résumé synthétique,
d'après l'ordre naturel qui préside à leur agen-
cement. Nous faisons, bien entendu, la part des
irrégularités locales et des lacunes à peu près
inévitables dans les terrains de cette catégorie.

Qu'avons-nous vu successivement dans le
groupe multiple et complexe, désigné, d'après
une convention qui désormais fait loi, sous le
nom d'*argile plastique?* Nous avons vu tour à
tour des galets adhérents ou libres; des sables
et des grès, roches inséparables et de même
filiation; enfin des argiles panachées en amas

subordonnés au milieu des sables : tous éléments discordants, dont la confuse agglomération relève en toute évidence des causes les plus diverses et les plus opposées. Les uns sont dus à de purs effets mécaniques d'érosion et de transport; les autres paraissent dériver de véritables actions chimiques. D'un côté, le travail agité, tourmenté, sans cesse repris et remanié, des alluvions marines et fluviales; de l'autre, le phénomène si nettement accusé de dépôts lents ou précipités dans une onde plus calme, à l'abri momentané des crues tumultueuses et des marées.

Assignons d'abord à des éléments si bizarrement groupés en apparence la place qui revient à chacun d'eux, et tâchons d'en bien définir le rôle et le caractère individuels.

Il serait superflu de reprendre en sous-œuvre l'étude déjà faite à propos des galets. Pour quiconque a suivi pas à pas la marche et le développement de notre thèse, le doute ne peut plus subsister, quant à l'origine exclusivement littorale et marine de ce premier dépôt. Nous espérons avoir rallié à cette opinion les esprits les plus hésitants, voire les plus sceptiques. Mais, dira-t-on, combien de temps a duré cette formation? Aussi longtemps que la mer a battu ses rivages, dégradé ses falaises dans le Montois, c'est-à-dire jusqu'à ce qu'une digue avancée assez puissante s'élevât, qui mit enfin la côte à l'abri de toute destruction ultérieure, par l'interposition d'un brise-lames naturel. Or ceci dut arriver infailliblement tôt ou tard, peut-être même à bref délai. Ce qu'il importe de rappeler ici, c'est que la masse discontinue de galets, échelonnée de loin en loin sur la tranche du plateau, repose invariablement sur la craie ravinée, tantôt à ciel ouvert, tantôt sous l'épaisseur des assises plus récentes [1].

Si donc il y a quelque part une irrégularité, c'est peine perdue de la chercher ici. Jamais, jusqu'à ce jour, l'expérience ne nous a fait voir le plus petit renversement dans la position fixe, irrévocable des galets et poudingues.

De même, au sommet de l'étage, grès et conglomérats paraissent occuper une situation constante. Bien entendu, nous avons soin de négliger les roches d'éboulement, véritables *grès sauvages*, suivant une expression originale et pittoresque, débris dispersés et de nulle valeur, puisqu'ils gisent arrachés à leur assiette primitive. Ces blocs erratiques sont vraiment les irréguliers du genre.

[1] Du caractère littoral de ce dépôt, concluons ici qu'il ne peut pas s'étendre bien loin sous le plateau de la Brie. Les sables eux-mêmes doivent nécessairement perdre de leur puissance en même temps que s'accroît celle des argiles. C'est du moins ce qui semble résulter des sondages.

Dieu merci, les hauteurs de Montpotier tiennent encore en réserve assez d'exemplaires originaux au-dessus du groupe moyen essentiellement argilo-sableux.

N'oublions pas cependant les nombreuses lacunes auxquelles nous faisions allusion tout à l'heure. De ce que l'ensemble du terrain se subdivise en plusieurs termes distincts, il ne s'ensuit pas d'absolue nécessité que, partout et toujours, les roches composantes arrivent une à une, sans manquer à l'appel, sous l'œil de l'observateur. Grand serait l'embarras du géologue si, pour établir une série chronologique, il était soumis à la stricte condition de n'avoir affaire qu'à des horizons continus. A ce prix, la tâche deviendrait impossible et d'amères déceptions auraient vite refroidi le zèle d'un trop naïf enthousiasme. Par bonheur, il suffit, pour déterminer l'âge relatif d'une roche quelconque, qu'elle n'affecte pas indifféremment toutes les positions, par rapport à une autre prise comme terme de comparaison. Or, pour les galets du fond, non moins que pour les grès si nettement caractérisés du sommet, cette condition essentielle nous a paru de point en point réalisée. En est-il de même de la partie moyenne? Tant s'en faut. Entre les limites extrêmes est enclavée une puissante assise de deux espèces de roches, latéralement accolées plutôt que superposées, sans autre règle d'ailleurs que le seul caprice des circonstances. D'où cette conclusion que, sur un même horizon géologique, les deux formations alternent entre elles, se coupent, se croisent, s'enchevêtrent dans un inextricable réseau. Il ne sert de rien que les couches profondes deviennent ferrugineuses: un tel caractère est trop accidentel pour nous permettre de scinder dans le temps un groupe aussi compact, aussi cohérent dans toutes ses parties. La seule conséquence logiquement acceptable, après l'étude attentive et comparée des faits, c'est que l'argile joue le rôle étroit de subordonnée dans les sables, qui sont assurément le terrain primordial et prépondérant. Quant à la répartition des argiles dans l'espace, elle est aussi capricieuse et irrégulière que possible.

Il y a donc là deux types différents, appartenant à une seule époque, mais non pas, hâtons-nous d'ajouter, au même instant de la durée. Tantôt l'un, tantôt l'autre a prévalu, au gré des mobiles éléments et suivant une foule de conditions perplexes, telles que l'heure et l'amplitude des marées, la violence des vents et des tempêtes, le déplacement des barres d'embouchure, le volume et la vitesse des eaux fluviales, la direction et l'intensité des courants marins, enfin les oscillations lentes du rivage. Fait indéniable et patent

comme le jour, il y eut ici, en présence et en
lutte, deux forces contraires et tour à tour maî-
tresses; et si, dès longtemps, la nuit du passé
a enseveli dans ses ombres silencieuses l'antique
dualité de ces principes adverses; si, depuis lors,
d'autres révolutions ont couvert de leur fracas
les lointains échos de cette mystérieuse collision,
les effets n'en demeurent pas moins gravés en
puissant relief dans les archives souterraines,
authentiques monuments où l'on peut lire encore,
une à une, toutes les phases, toutes les péripé-
ties d'un duel incessant. En somme, et ceci
peut sembler un paradoxe, les deux éléments
contradictoires convergeaient, par une fatale
nécessité, vers le même but final : l'affermis-
sement des conquêtes opérées sur le domaine
des océans. C'est à l'étude de ce double principe que nous devons consacrer l'heure présente :
il s'en faut que ce soit le moins curieux chapitre
de nos annales géologiques.

Auparavant, qu'on nous permette une hypothèse, qui n'est rien moins que gratuite, et nous
ne manquons pas de bonnes et solides raisons à
l'appui. Une mer, quelles que soient son étendue
et sa position géographique, n'est pas sans recevoir de nombreux affluents qui, fidèles tribu-
taires, apportent dans son sein de quoi réparer
les pertes continuelles de l'évaporation et main-

tiennent ainsi son niveau sensiblement constant.
Les plus grands fleuves, les plus majestueuses
rivières ne précipitent pas nécessairement leurs
eaux dans les plus vastes bassins océaniques. La
Caspienne reçoit le Volga, et le Danube se perd
dans la mer Noire. L'exiguïté d'un bassin maritime ne peut donc servir de mesure aux dimensions des cours d'eau qui s'y déversent.

Ce n'est pas que nous prétendions exagérer
l'importance de l'ancien système hydrographique.
Le régime et l'étendue des canaux naturels, **qui**
dirigent à la mer le tribut des eaux douces, sont
dans une étroite relation avec le relief externe
des continents. Or, rien, dans la topographie
tertiaire du sol de la France, ne permet d'in-
venter à plaisir des vallées et des fleuves de
1000 kilomètres et plus, à supposer même d'in-
terminables méandres. Le cours de la Seine
actuelle est de 770 kilomètres. Entre sa source
et l'ancien golfe parisien, on n'en compte guère
que 150 à vol d'oiseau.

Déjà se dressaient, comme une étroite enceinte
à l'horizon de Paris, la barrière granitique des
Vosges, flanquée du plateau de Lorraine, les
monts Faucilles, le plateau de Langres et la
Côte-d'Or, les monts du Morvan et le Massif
Central, séparé du Bocage vendéen par la Trouée
du Poitou. Pour achever les contours de la partie

occidentale du bassin, disons qu'il était circonscrit de ce côté par les coteaux du Maine et du
Perche et les collines de Normandie. La Manche
alors n'existait pas. Une double crête jurassique,
aujourd'hui disparue, reliait la France à la Grande-
Bretagne, à l'ouest et à l'est, de la baie de Seine
à celle de Lyme-Regis (Dorset), et de Boulogne
à Douvres, à travers le pas de Calais. Un large
détroit, entre l'Ardenne et l'Artois, là où sont
actuellement les sources de la Somme et de l'Es-
caut, faisait communiquer cette mer intérieure
avec la mer du Nord, qui couvrait la Flandre et
la basse Belgique.

Resserrés entre la frontière maritime et la
chaîne circulaire que nous venons de décrire, les
fleuves tertiaires n'avaient guère le loisir de se
répandre avec lenteur, entre deux berges capri-
cieuses, à travers de longues et larges plaines.
Presque au sortir de leurs sources, ils couraient
se jeter dans le vaste golfe, où les poussait avec
force la pente supérieure de leurs thalwegs [1].
Rien d'ailleurs ne s'oppose à croire que, dès

[1] De la combe de la Douix (source de la Seine) à Nogent, la différence de niveau est de 400 mètres environ,
dont 320 pour le cours supérieur, en amont de Bar. De
Bar à Troyes, pente 50 mètres; entre Troyes et Nogent,
30 seulement. Chose remarquable, le fleuve se dirige
au N.-O., jusqu'au pied des hauteurs de la Brie, qui le

cette époque, les vallées du nord de la France avaient marqué leur premier sillon, dans la traversée des régions émergées. Ce n'était encore qu'une ébauche, une timide et incertaine esquisse. Le soulèvement alpestre devait plus tard, après le plissement du Jura, redresser à plus de 600 mètres le plateau de Langres et la Côte-d'Or et, du même coup, surélever notablement les sources primitives. A cette œuvre soudaine d'exhaussement les temps quaternaires ajouteraient aussi leur travail d'érosion colossale, en accusant avec énergie les dépressions et les vallées [1]. Qu'importe? La voie était ouverte, et déjà.

refoulent au S.-O., à Montereau. Mais l'Yonne, par l'appoint de ses eaux, en redresse le cours, suivant la première direction, et c'est au-delà de Paris que, sur une longueur absolue de 350 kilom., avec une pente de $24^m,50$ seulement, se dessinent les curieux méandres du cours inférieur.

[1] De ce double phénomène de *surélévation* des sources et d'*affouillement* des vallées, il semble résulter naturellement que les fleuves tertiaires coulaient sur un lit moins incliné que de nos jours. Mais, vu la courte durée du trajet (150 kilom. pour la Seine), la pente pouvait bien être encore assez forte. Si, d'autre part, on tient compte de ce fait que le bassin tertiaire parisien, aujourd'hui à plus de 200 mètres au-dessus du niveau des mers (limite orientale), était alors entièrement plongé sous les eaux, on en devra conclure que, pour l'émerger totalement, il a fallu en sens inverse une oscillation du sol, au moins égale à toute la hau-

du nord au midi, fleuves et rivières, avec une
liberté d'allure et une indépendance qu'ils ont
depuis perdues, sillonnaient les zones jurassiques et crétacées, dans la direction générale de
nos modernes cours d'eau. A quelques rares
exceptions près, nous les voyons encore [1], obs-
tinément fidèles à leurs voies séculaires, rema-
niant sur place et presque sans relâche l'œuvre
de la veille, à jamais inachevée : déposant, dans

teur du plateau de la Brie. C'est là une compensation
de la moindre altitude des sources ; car, en ramenant
à zéro l'altitude maxima du plateau et à 300 mètres
(chiffre assurément trop bas) la source de la Seine, nous
aurions encore pour ce fleuve 2 mètres de pente par
kilom., soit 33 fois la pente du Pont-Royal au Havre
et plus des 3/4 de celle de la source à Nogent.

[1] Je n'entends parler ici que des seuls cours d'eau
qui sont pour nous d'un intérêt immédiat. Bien entendu, je reconnais qu'ailleurs on trouve des exemples
frappants de déplacement, soit en vertu de l'inégale
vitesse de rotation du globe, suivant les latitudes (ces
exemples sont peu sensibles d'ailleurs), soit par suite
des failles qui, disloquant les strates, ouvrent une voie
nouvelle et facile à l'érosion. La Meuse, par exemple,
eût-elle quitté les zones jurassiques, à Mézières, pour
pénétrer de vive force dans le massif résistant de l'Ardenne (terrains primaires), en sens contraire de la pente
générale, sans les nombreuses cassures que révèle cette
région ? Or, à l'époque tertiaire, la Meuse était tributaire du bassin de Paris, tout aussi bien que la Seine
et la Marne, et ce n'est pas là une proposition téméraire.

une heure de calme, les matériaux grossiers que
bientôt ils reprennent, dans un accès de fièvre et
de folle colère. Comment, dès lors, écrire l'histoire des eaux courantes et supputer le nombre
mystérieux de leurs années, par la puissance de
leurs alluvions? Le présent est l'anéantissement
du passé, et l'avenir sera toujours la destruction
fatale du présent. Tous les calculs humains, tous
les chronomètres, inventés par la curiosité des
hommes et basés sur les atterrissements, sont
par cela même défectueux et trompeurs. Un ma-
nuscrit, que son auteur anonyme aurait couvert
de ratures et de surcharges, sans jamais aboutir
à l'expression finale de sa pensée, ne resterait-il
pas une éternelle énigme? Les fleuves ne sont
pas autre chose, à raison même du désordre et
de la mobilité de leurs dépôts, qu'un monument
indéchiffrable, un problème insoluble de chronologie préhistorique, auprès duquel les insidieuses
questions du sphinx mythologique n'étaient que
bagatelles. Certes, la sagacité d'un Œdipe y serait en défaut.

Mais si l'instabilité caractérise les créations
des fleuves, si les mille détails de leur existence
agitée sont obscurs et se confondent dans un
mutuel effacement, du moins nous reste-t-il la
preuve certaine que leur cours n'a pas varié
près de nous. Il importe peu que le petit ruisselet

soit devenu grand fleuve, que l'humble sillon ait
pris l'ampleur et les proportions d'une vallée.
Le fleuve coule où murmurait le timide ruisseau,
et la vallée absorbe dans ses larges flancs l'étroit
sillon. Et le plateau de Brie n'existait pas que
déjà le fleuve descendait la vallée. Et le limon
bienfaisant, le menu gravier, le grossier caillou,
attestent à la fois la nature géologique des roches
traversées en amont et l'inflexible itinéraire suivi
par les eaux. Que la Seine ait arrosé d'autres
prairies que celles de Troyes, nous devrons infailliblement en retrouver la trace. En vain cher-
cherait-on quelque autre part l'empreinte de son
lit et sa plaine alluviale. Pas le moindre signe
révélateur de déplacement. Ce n'est donc pas
une vaine hypothèse que d'assigner une seule et
même direction, un seul et même thalweg aux
fleuves tertiaires et modernes. L'unique différence, en dehors des variations d'altitude ou de
profondeur des vallées, tient à l'antique simplicité
du régime hydrographique. Peu d'affluents, alors,
ou de sous-affluents. Chaque rivière, pour ainsi
dire, portait elle-même son tribut à la mer. Ainsi,
grâce à la proximité des embouchures, le système
n'avait pas chance de se ramifier à l'infini et
d'engendrer un réseau très complexe. La Seine, à
peine grossie de l'Aube, se jetait en amont de
Nogent, entre la Traconne et le Parc de Pont,

par un estuaire d'au moins 10 kilomètres. L'Yonne n'avait que le temps de recevoir l'Armançon, avant de disparaître à Joigny. La Marne finissait à Épernay, et la Loire, après avoir formé, comme l'Allier, une série de lacs étagés, dans son cours supérieur, débouchait en aval de Cosne.

Tous ces détails rétrospectifs sont loin d'être inutiles, et nous n'avons pas fait, sur notre route, une stérile digression, un dangereux écart. Outre l'intérêt qui s'attache à la restitution du passé, ce préambule avait sa raison d'être, pour l'intelligence des phénomènes que nous allons placer sous les yeux des lecteurs. À propos des éléments si confusément assemblés de l'argile plastique, nous avons fait appel à deux forces contraires, à deux puissances adverses. La première nous était déjà connue, en principe : c'est l'eau salée; nous avons nommé la seconde, ou l'eau douce, et du mélange ou de la rencontre des deux doit naître l'eau saumâtre des estuaires et des lagunes.

Or il est impossible de rendre jamais compte des phénomènes du premier âge tertiaire, si l'on n'a recours à l'hypothèse de ces deux forces réunies. Les argiles et les sables sont le produit combiné des alluvions marines et fluviales. Les fleuves ont apporté les matériaux détritiques dont la mer a fait ensuite les assises d'un nouvel édifice. *Ex nihilo nihil*, ici seulement l'aphorisme

épicurien de Lucrèce trouve sa juste application,
car les seules causes naturelles ne peuvent opérer
que sur une matière préexistante. Mais encore
quelle formidable puissance! Quel prodigieux
enfantement! Dans leurs crues périodiques, les
eaux courantes ont charrié jusqu'à leur embouchure les éléments atomiques de l'argile, dilués
à l'infini, les grains moléculaires de quartz et de
silex, désagrégés parfois jusqu'à n'être plus
qu'une impalpable poussière. Et toutes ces roches
sont minéralogiquement en rapport avec celles
qui constituaient et constituent encore les divers
bassins hydrographiques [1]. La dureté des pierres
siliceuses ne les a pas préservées du broyage
mécanique, du morcellement à outrance. Arra-
chées au lit du fleuve, aux berges minées et
croulantes, entraînées de vive force par la violence du courant, dont la vitesse accrue multiplie
la puissance de transport, *vires acquirit eundo*,
pulvérisées dans le choc ardent et l'effroyable
cliquetis d'une mêlée furibonde, soulevées dans
la masse liquide roulant en tourbillons vertigi-
neux, elles n'arrivent à la limite extrême des
continents que pour tomber sous la domination

---

[1] Tel fleuve, l'Yonne, par exemple, dont la source est
en pleine roche cristalline, s'est chargé de quartz; tel
autre, de silex, sans parler des boues calcaires dont les
marnes argileuses peuvent représenter l'apport.

d'un maître plus capricieux encore et plus despo-
tique. Jetées en bloc et pêle-mêle dans le gouffre
des mers, les alluvions, accourues à la fois de tant
de points différents, deviennent la proie et le
jouet des flots. Après un premier triage et suivant
leur densité spécifique, tandis que les unes vont
disparaître au large et dans les profondeurs, la
houle rejette les autres sur les plages ou à l'entrée
des estuaires. C'est la barre à fleur d'eau, qui se
dessine sous la pression des vagues, la ligne
semée d'écueils, dont la courbe infléchie court
d'un promontoire à l'autre : sables mouvants, où
les strates ondulées, parfois même brusquement
inclinées, traduisent à nos yeux les vibrations
successives et les multiples efforts de l'élément
salé. Spectacle merveilleux que celui de la mer,
accumulant ainsi près de ses bords les épaves du
continent, et rendant aux terres basses une partie
des dépouilles que les fleuves ne cessent de ravir
aux régions plus élevées de l'intérieur! Par là
tend à s'équilibrer, en se nivelant, le relief général du globe. Par là s'effacent les hauts sommets,
s'exhaussent les bas-fonds, tant qu'un autre soulèvement n'aura pas offert aux agents destructeurs
une proie nouvelle.

Mais le calme s'est fait derrière la jetée protec-
trice et les troubles vaseux, tenus encore en
suspension, se précipitent sur le fond de l'estuaire.

L'œuvre du colmatage est commencée, et le futur delta s'apprête à mener son large front au devant des eaux marines, peu à peu refoulées par l'invasion progressive des atterrissements. Les deltas ne sont possibles que dans les mers à faible marée, telles que la Méditerranée et toutes les mers intérieures en général. Le golfe parisien réalisait amplement cette condition nécessaire. Quoi de surprenant, alors, si nous supposons ici des phénomènes analogues à ceux qui se passent encore aujourd'hui sous nos yeux, pour les bouches du Nil et du Pô, du Rhône et de l'Hérault? La nature seule des alluvions peut différer, car elles dépendent toujours des terrains qui encaissent le lit des affluents. Le travail d'édification et de remblai qui nous intéresse en ce moment, paraît donc se décomposer en deux opérations presque simultanées, quoique inverses, dont l'une est la part du fleuve qui apporte, et l'autre, celle de la mer qui refoule en travers du courant d'eau douce tout ce qu'elle n'absorbe pas.

Et maintenant veut-on la preuve que ces alluvions sont pour la plupart un présent du fleuve, présent dédaigneusement repoussé en quelque sorte par la mer, et rejeté par elle sur ses propres rivages? Tous les fragments de bois flottés, silicifiés aujourd'hui et couchés en nombre incalculable au milieu des sables ferrugineux, que

sont-ils, sinon les témoins et les débris de la flore
continentale de ces temps reculés? Et d'où sont-
ils venus, si ce n'est des lieux mêmes, arrosés
et parfois ravagés par les cours d'eau de l'époque?
La force vive, irrésistible du courant destructeur
a tout culbuté sur son passage. Moins solidement enracinés que les frêles roseaux, les chênes
vigoureux sont partis à la dérive, flottant au gré
des ondes, jusqu'au point indécis où le fleuve
n'est plus fleuve et n'est pas encore mer. Et
l'onde salée a rejeté de son sein ces tristes
épaves, qu'elle a successivement ensablées,
comme elle rejette encore de nos jours les débris
du vaisseau fracassé par la tempête.

Sables et végétaux sont donc venus par la
même voie des profondeurs du continent, et nous
avons toutes bonnes raisons de les considérer, à
titre égal, comme de véritables alluvions fluvio-
marines, ayant même caractère et même origine.

Cependant, l'ancien estuaire, devenu lagune
aux eaux marécageuses, s'est peu à peu trans-
formé en terre basse, maintenant sillonnée d'innombrables canaux qui s'anastomosent entre eux
comme autant de vaisseaux artériels. Le fleuve,
divisé en plusieurs bras, continue de charrier
sables et limons: l'usurpateur empiète sans relâche sur le domaine des mers.

Obligée de céder quelque part, pour livrer le

passage aux eaux douces, la barre jetée en travers du courant est rompue maintes fois, le plus souvent à l'une quelconque de ses deux extrémités. De là, dans l'issue des bouches, un continuel déplacement, qui explique bien, du reste, l'irrégularité caractéristique des dépôts contemporains. Autre phénomène, assurément propre à compliquer les rouages du mécanisme, en étendant à toute la zone littorale les mêmes singuliers effets : de part et d'autre de l'échancrure à demi comblée s'échappent les multiples ramifications du tronc fluvial, et la marche en avant du delta se transforme en un double mouvement de côté. Si, par suite de cette dispersion de forces, le travail de remblai se fait plus lent et moins énergique, il gagne par contre en étendue, car les bouches errantes du fleuve iront toujours en créant de nouvelles aires d'atterrissements. Tels on a vu sables et galets se mouvoir pesamment de falaise en falaise, jusqu'à ce qu'ils aient trouvé un point d'appui, tels on voit à présent les matériaux d'alluvion se déplacer au hasard des courants, tant qu'un point de résistance n'aura pas enrayé leur mouvement de translation.

C'est encore ici, sous une autre face, la répétition des mêmes effets produits par les mêmes causes. D'une embouchure à l'autre, le rivage se profile en silhouette fantastique, aux traits anguleux et presque rigides. Ici des caps, hardiment plantés au milieu des flots, comme de fières citadelles qui bravent impunément les attaques de l'ennemi; là des anses mieux abritées, dont le calme profond est à peine troublé par le sourd clapotement des vagues et les dernières ondulations du remous. Toute la région côtière n'est ainsi qu'une longue suite ininterrompue de baies enfoncées entre deux promontoires. Or, toutes ces dentelures, toutes ces anses, toutes ces criques sont irrévocablement vouées à l'annexion continentale. L'envahissement des sables aux abords de ces mille petits golfes aura bientôt créé, parallèlement à la direction générale des côtes, en avant de chaque enfoncement, le puissant appareil des cordons littoraux, le rythme cadencé des flèches, dont les courbes harmonieuses s'enchaînent avec symétrie. Le rivage n'est dès lors plus une succession barbare de traits âpres et durs, brisés, hachés en tous sens et se coupant à angle vif. La raideur a fait place à la grâce des contours: au désordre brutal des lignes saccadées et heurtées, succède une régularité de formes si pure, qu'elle repose et charme la vue par l'infinie douceur de ses molles inflexions. Cela n'a pas l'étroite et stricte mesure des œuvres servilement compassées de notre géométrie: mais, en revanche, quelle aimable simplicité, qui satisfait à la fois et l'esprit et le goût !

Voilà donc l'effet esthétique, si l'on peut ainsi parler, des appareils littoraux : voiler et atténuer ce que le rivage primitif pouvait avoir de brusque et de bizarre dans son extravagante allure. Il est un autre effet, l'effet géologique, le seul, après tout, qui soit pour nous d'un réel intérêt.

Les levées et les flèches sont autant de môles naturels qui brisent le choc des lames, autant de boulevards qui défendent contre les incursions marines l'entrée des golfes et des baies. Derrière les longues jetées, enracinées aux pointes avancées des caps, dorment d'un profond et léthargique sommeil des lagunes saumâtres et bourbeuses. Là, pas un frémissement ne ride l'onde silencieuse et morne; nulle émotion troublante n'altère l'indolente placidité des eaux, non moins tranquilles que les eaux plus pures d'un beau lac. Et soudain, à la faveur de ce calme absolu, se précipitent les fines molécules de vase argileuse, tout comme dans l'ombre et le secret du laboratoire, la liqueur troublée d'une solution laisse brusquement tomber les éléments insolubles d'une nouvelle combinaison. Rien non plus, dans la massive structure des argiles, ne dénonce une apparence même de stratification. Il n'y a pas eu dépôt lent et successif, lit par lit. couche par couche; tout, au contraire, nous révèle une chute en quelque sorte instantanée.

Toutefois, la paix présente n'est encore que précaire; c'est une paix douteuse et mal assise. La tempête éclate, gronde, et dans l'étroit bassin la digue rompue laisse pénétrer à flots l'eau salée envahissante. Puis la mer se retire et la brèche est vite réparée. Ainsi se suivent, à des intervalles inégaux, des alternatives de torpeur et de soudain réveil, de silence et d'agitation tumultueuse. Chaque fois aussi le flot qui recule abandonne aux lagunes un nouvel apport qui s'ajoute aux précédents. Et lentement le fond s'exhausse; aux sédiments vaseux succèdent sans transition les dépôts arénacés, et dans cet étrange amalgame le caractère pacifique des uns jure, pour ainsi parler, avec l'origine violente des autres. Enfin, la barre plus résistante s'oppose victorieuse aux irruptions marines. Un jour se lève où, l'évaporation aidant, sous les feux d'un soleil torride, l'étang boueux n'est plus qu'un infect marais, tout parsemé de tertres humides au milieu de flaques stagnantes, et la végétation, maigre d'abord, puis fougueuse, ne tarde pas à s'en emparer. Une semence, apportée par le vent ou par l'eau, a fait ce miracle. Tombée sur un sol vierge, elle est devenue le gage de toute une création nouvelle, qui recouvre maintenant cette triste nudité de sa riche et brillante parure.

Si jusqu'alors, dans ces parages trop peu hospitaliers, fréquemment exposés aux rigueurs intermittentes des tempêtes, le monde paisible des mollusques n'a su se plaire et prendre position [1], du moins pouvons-nous affirmer qu'à cette époque, les lagunes du Montois virent le premier essor d'une flore assez remarquable, quoique trop peu variée.

Nous sommes loin, il est vrai, des prèles gigantesques au tronc strié de fines cannelures (calamites), des astérophyllites penchées, comme les bambous, sous le poids de leurs feuilles verticillées. L'élégante *annularia* flottait alors avec grâce à la surface des eaux; la fougère géante étendait ses larges frondes aux nervures délicates, et les grands lycopodes se ramifiaient en se bifurquant à l'infini. La terre n'a vu qu'une fois cette riche et puissante végétation, commune à toutes les latitudes, sans distinction de zones climatériques, et, chose incroyable, l'empire appartenait, dans ce monde végétal, aux espèces les plus humblement représentées de nos jours. Tant de magnificence a depuis longtemps disparu, et

[1] La rareté des fossiles de l'argile plastique en témoigne. On trouve à peine quelques paludines à Montpotier, et de Sénarmont signale, aux environs de Provins, dans certains lignites pyriteux, des ossements et des coquilles; ce n'est là qu'une exception.

les débris en sont enfouis dans les profondeurs de nos bassins houillers. Admirable dessein du Créateur, qui réservait ainsi aux âges futurs des provisions surabondantes de chaleur et de lumière !

Et cependant, malgré l'incommensurable distance qui nous sépare de cette merveilleuse époque, nous trouvons encore, à l'aurore des temps tertiaires (éocène), un climat européen à peu près uniforme, chaud et humide à la fois. Mais d'autres plantes, plus voisines des nôtres par leur port et leur physionomie, croissent sur les bords des lagunes du Montois et laissent tomber au sein des eaux leur feuillage secoué par le vent ou jauni par les feux du soleil. Les argiles de Cessoy nous ont ainsi conservé, entre leurs feuillets d'un clivage si remarquable, nombre d'empreintes à peine altérées par le temps, grâce à la nature imperméable de l'enveloppe. A peu près vers la même époque, les eaux incrustantes de Sézanne, tombant en cascade du haut d'une falaise crayeuse, empâtaient dans le tuf calcaire de leurs dépôts les débris d'une opulente végétation à « physionomie exotique et d'affinités tropicales [1] ».

Assurément il serait téméraire d'attribuer à nos lagunes une égale importance ; à ce point de

[1] A. de Lapparent, *Traité de Géologie*, 2ᵉ édit., p. 1129.

vue, les vastes dépôts ligniteux du Soissonnais
et le travertin de Sézanne jouissent d'une célébrité
universelle. Mais nous sommes à même d'affirmer
que le Montois n'est pas absolument dans l'in-
digence, et, selon nous, peut-être n'est-il point
trop indigne de l'attention des savants. Un patient
explorateur, préparé de longue main à la connaissance des flores fossiles, trouverait ici pro-
bablement un champ nouveau d'observations et
d'études comparées. Par malheur ceux qui pourraient être, en cette occasion trop rare, les plus
utiles auxiliaires de la science en deviennent les
pires ennemis, soit dédain, soit ignorance. Combien, en effet, de ces restes précieux périssent
ensevelis dans les décombres et les déblais d'une
exploitation, parce que le savant n'est pas là qui
recueille avec avidité ces antiques monuments
fraîchement exhumés, capables sans doute de
piquer un instant la curiosité, mais d'une valeur
trop négative, au demeurant, pour l'homme de
peine et l'industriel qui demandent à la terre autre
chose que des faits scientifiques !

En vérité, pourtant, rien n'est à négliger dans
le domaine des sciences géologiques. Les plus
minimes détails en apparence jettent parfois une
vive lumière sur un point encore obscur de l'histoire du globe. Pour notre part, nous avons vu
dans le gisement de Cessoy une preuve assez

péremptoire contre l'origine éruptive des sables
et des argiles. Cette théorie, que recommande
assez hautement la science éminente de ses auteurs, semble par contre en désaccord avec les
faits, du moins dans la région qui fait l'objet de
notre étude. A Cessoy, par exemple, l'argile (et
nous entendons celle qui est chimiquement et
industriellement pure) repose sur les couches à
empreintes, et celles-ci sur un banc de sable
ferrugineux; or, dans le cas supposé de l'érup-
tion, la matière injectée eût traversé nécessairement les couches stratifiées, au lieu de
s'appuyer sur elles dans le sens horizontal [1].

Quoi qu'il en soit de l'hypothèse qui étend
à toute la formation argilo-sableuse le caractère
de roches éruptives, nous ne prétendons pas
nous-même tout expliquer par le système d'allu-
vionnement. Que les argiles et les sables du
Montois soient d'origine fluvio-marine, détritique
ou de transport, cela est vrai ou du moins nous
paraît tel. Mais en même temps la silice amorphe
qui a consolidé les grès et les poudingues, en
leur donnant cet aspect lustré si caractéristique,

[1] Ajoutons que les sables quartzeux sont partout en
mélange intime avec des grains de silex de la craie,
dont la couleur sombre tranche visiblement sur le fond
et marque bien un dépôt sédimentaire, en accusant la
stratification.

les pyrites en rognons et autres minerais ferrugineux, provenant pour la plupart de la décomposition partielle des pyrites, toutes ces substances minérales, disons-nous, ne peuvent plus s'expliquer que dans l'hypothèse d'une cause interne, d'une émission venue des profondeurs et déversant au milieu des eaux, où s'opéraient les phénomènes de la sédimentation, les principes étrangers à cette dernière. C'est ainsi que la silice thermale a pu, çà et là, imprégner les bancs de sable et les cimenter en partie, au point même d'absorber le grain dans la pâte et de le rendre invisible à l'œil nu. Ainsi encore le soufre et le fer, par leur intime combinaison, ont produit au sein des masses profondes une foule de concrétions étonnantes (nodules, rognons, géodes); sans compter les veines d'infiltration qui dessinent en tous sens leurs traits irréguliers, les nids et les amas qui plaquent les coupes verticales des carrières de teintes rouges et pourprées. Tous ces accidents relèvent bien certainement de l'activité interne du globe, et n'ont rien de commun avec les phénomènes purement sédimentaires, lesquels ont, à coup sûr, joué le premier rôle dans le groupe argilo-sableux du Montois.

FIN DE LA PREMIÈRE PARTIE.

NOTE DE L'AUTEUR

Nous prenons la liberté de donner ici en Appendice un travail que nous avons présenté à la Société géologique de France, dans la séance du 17 novembre 1884, et qui a été publié dans le Bulletin de la même Société, 3ᵉ série, tome XIII, page 68. Malgré des répétitions qui feront double emploi avec ce qui est déjà dit dans l'*Esquisse*, nous n'hésitons pas à présenter ces notes critiques au lecteur. D'ailleurs on y trouvera, nous l'espérons, plus de précision scientifique, car nous n'avons pas eu ici à nous préoccuper de la forme littéraire. Nous appelions alors l'attention de nos maîtres et de nos confrères sur une rectification importante à la *Feuille géologique de Provins (notice explicative)*.

APPENDICE

APPENDICE

SUR L'ALLURE ET LA COMPOSITION DE L'ARGILE PLASTIQUE DANS LE MONTOIS

De Montereau à la Traconne, vaste forêt au sud-ouest de Sézanne, s'étend la falaise du Montois, qui s'abaisse rapidement à la Seine. Les vallées de l'Auxence, de la Voulzie et de la Villenauxe, sans compter d'autres vallées secondaires, la découpent largement, en y ouvrant de profondes échancrures. Une terrasse élevée, légèrement inclinée vers le fleuve, relie cette chaîne de collines aux plaines de la Brie. Haute de 125 mètres à Surville (sables miocènes), elle atteint 208 mètres au château de Bethon (calcaire de Brie) et 207 mètres à Fontaine-Denis (argile plastique).

La craie blanche en forme le soubassement et s'élève de plus en plus dans les coteaux, à mesure qu'on s'avance vers l'est. Mais bien que son allure générale se résume dans un relèvement très marqué vers le bord oriental du bassin tertiaire, on la voit affleurer à des niveaux très divers, dans des limites souvent restreintes. L'étage, ou mieux le groupe si complexe de l'*argile plastique* vient s'appliquer

directement sur la surface ravinée de la craie, soit
par manière de remplissage au fond des poches,
soit encore en venant s'adosser aux flancs redressés
en falaise de la masse crayeuse, plus rarement en
nappes horizontales. Il ne faut donc pas s'étonner de rencontrer l'argile plastique à des altitudes
tout aussi variables que la craie, dans une région
même très limitée et sur des points très voisins l'un
de l'autre. Or, en même temps que se déposaient
l'argile et les éléments inséparables qui l'accompagnent, une sorte de nivellement s'opérait qui prépa-
rait au calcaire lacustre une surface de dépôt plus
régulière et moins tourmentée, quoique partageant
encore avec la précédente formation l'inclinaison
d'ensemble vers le centre du bassin. Cette inclinaison ne tarde pas à s'accentuer au voisinage immédiat du plateau de la Brie, du sud-est au nord-
ouest.

Le Montois est donc une région merveilleusement
propre à l'étude spéciale et comparée de l'argile
plastique, tant au point de vue de l'allure que sous
le rapport de la composition du groupe que ce nom
représente. L'allure s'y révèle, on vient de le voir,
par une foule de faits facilement observables, mais
trop bien connus maintenant pour que j'insiste
davantage sur ce point.

De Sénarmont et Leymerie, le premier dans Seine-
et-Marne, le second dans l'Aube, ont étudié avec
soin la composition si variable de l'argile plastique.
Il semble difficile de mieux dire et surtout de dire
plus vrai. Les détails sont précis et abondants, et
les ouvrages publiés par ces deux géologues sont
un guide précieux et sûr pour ne pas s'égarer dans

le dédale des premiers sédiments tertiaires du Montois. Je rappellerai toutefois que de Sénarmont a mieux saisi, à mon sens, et plus nettement démontré la *subordination* des argiles par rapport aux sables, qui sont assurément le terrain prépondérant, l'élément essentiel et primordial de toute la formation. Leymerie voit dans les sables et les argiles deux roches à peu près contemporaines, mais ne se prononce pas sur la question de prédominance.

Les trois feuilles de Provins, Sens et Arcis comprennent dans leur ensemble toute la région du Montois. Au point de vue qui nous occupe, la première le cède aux deux autres en clarté et en exactitude. Tout en maintenant dans son unité première le groupe indivisible de l'argile plastique, la notice de Provins glisse rapidement sur cette formation. Les travertins de tout âge absorbent une colonne entière; à vrai dire, ils couvrent une grande partie de la feuille et je me plais à reconnaître que la description en est plus que complète, surtout au point de vue stratigraphique. Il me semble pourtant que l'argile plastique avait droit à quelque chose de plus qu'une mention laconique, à peine suivie des indications les plus essentielles. La concision est une qualité chez le savant, à la condition de ne pas nuire à la clarté. Il ne saurait être permis non plus d'omettre des faits palpables et positifs, quand on en affirme qui sont pour le moins douteux et contestables. La question des origines de l'argile plastique est encore très controversée. Ne fallait-il pas essayer d'éclaircir le point en litige, relever certains détails, noter des faits qui ne peuvent passer inaperçus, faire voir, en un mot, comment s'ordonnent et se disposent entre eux tous les termes de la formation? Il ne pouvait suffire d'énumérer brièvement, dans l'ordre habituel de leur superposition quelques-uns des éléments connus ou supposés de l'assise : grès lustrés, argiles, sables *kaoliniques? conglomérat de silex dans une argile ferrugineuse?* Déjà nous savions par de Sénarmont que les argiles forment au milieu des sables des *subordonnées.* Pourquoi laisser perdre une indication aussi précieuse, maintes fois vérifiée sur place? Il est vrai que le savant ingénieur, dont j'invoque l'autorité, veut que les bancs d'argile soient ordinairement rassemblés en deux groupes, séparés par une grande épaisseur de sables. J'ai bien vu des sables puissants entre deux lits d'argiles sableuses, notamment dans le vallon qui descend de Mons à Thénisy. Dans tous les cas, je ne crois pas qu'on puisse généraliser cette règle du *dédoublement.* Il est encore vrai que les argiles proprement dites n'obéissent, dans leur distribution sur le parcours de la falaise, à aucune loi déterminée, et que par suite l'inégale répartition de l'élément plastique concentre au hasard sur tel ou tel point des richesses naturelles qui sont ailleurs disséminées ou échelonnées de loin en loin. — Montpotier et Salins, aux deux extrémités de la feuille, sont un exemple de ces amas spécialement localisés. — Le principe de la *subordination* n'en demeure pas moins acquis; et l'honneur en revient de droit à l'ingénieur de Sénarmont.

On pouvait encore aller plus loin et distinguer les terres chimiquement pures des terres communes et grossières. Un fait digne de remarque, c'est la position presque invariable de la *terre de pipe* ou *terre à faïence* au sein des argiles vulgaires, bonnes pour tuiles et poteries.

La masse exploitable de l'argile vraiment plastique perd de sa puissance en diamètre à partir d'une certaine profondeur, qui varie bien entendu d'une région à l'autre. En somme, la précieuse matière industrielle, aisément reconnaissable à ses caractères extérieurs et physiques, se concentre inférieurement vers un point donné, qui devient en quelque sorte le sommet d'un cône renversé, dont la base tantôt plus, tantôt moins dilatée, est elle-même recouverte par une glaise devenant de moins en moins riche en alumine. Cette singulière disposition est bien connue des ouvriers, qui la caractérisent du nom significatif de *pol, poche* ou *cuvette*.

On suppose volontiers que la seule argile blanche est réfractaire et susceptible de servir pour la faïence. Je connais des terres brunes foncées qui blanchissent au feu, et le cas n'est pas rare (Cessoy, Montpotier).

De Sénarmont, dans sa description de Seine-et-Marne, cite à la base des argiles, aux environs de Provins, des lignites pyriteux à ossements et coquilles. J'ai moi-même observé à Cessoy, sous la terre à faïence et superposé à des sables ferrugineux, un lit remarquable d'argile noirâtre, ligniteuse et feuilletée. La structure schisteuse est due à la présence d'innombrables empreintes végétales très bien conservées. La matière organique des feuilles paraît même n'avoir subi qu'une légère décomposition. Quant au tissu ligneux, il n'a guère laissé qu'un résidu friable et de nature terreuse. On retrouve également ces empreintes jusque sur les sables du fond. De même au hameau de Laval, près Donnemarie, dans la pittoresque vallée de l'Auxence, on observait, il y a peu d'années, des faits analogues, dans une exploitation de terre à faïence pour la manufacture de Montereau. A Merlange, près de cette dernière ville, on a vu pareillement des troncs d'arbres en place, qui malheureusement tombaient en poussière au moindre choc et même au seul contact de l'air. De tous ces faits la notice de Provins ne dit mot. Tout au moins devait-elle signaler, après de Sénarmont, les lignites pyriteux de Provins.

Il n'était pas moins important de montrer comment la formation plastique passe en général, vers le bas, à des argiles ferrugineuses, contenant du fer limonite en nodules mamelonnés, en concrétions terreuses. A Montpotier, on a même trouvé, suivant Leymerie, des moules de paludines complètement hydroxydés. Est-ce de l'argile ferrugineuse en question que veut parler la notice, à propos du conglomérat de silex? Pour ma part, je considère cette formation comme tout à fait indépendante du conglomérat. Je n'en veux pour preuve que la coupe suivante, prise à gauche de la route de Donnemarie à Closbouard :

1° Calcaire lacustre en moellons.

2° Argile grise pour tuileries, veinée de rouge lie de vin, puissante d'environ 7 mètres.

3° Argile jaunâtre, avec minerai de fer (limonite), ayant un mètre d'épaisseur. On ne trouve à ce niveau aucune trace de silex.

J'arrive aux sables, qui sont, nous l'avons vu, l'élément essentiel et de beaucoup le plus répandu dans le vaste ensemble de la formation, et je crois qu'il y a lieu d'y reconnaître trois niveaux nettement caractérisés : 1° Les sables supérieurs, généralement fins, quartzeux, de plus en plus marneux vers le haut, au contact du calcaire lacustre ; 2° Les sables moyens, fins ou grossiers, souvent argileux au voisinage des glaises, quartzeux et grisâtres, mouchetés de points noirs, petits grains anguleux de silex. La stratification rarement horizontale, parfois inclinée à deux versants, très souvent enchevêtrée, en est bien accusée par des veines ferrugineuses et mieux encore par les lignes plus foncées de silex ; 3° Enfin, les sables inférieurs, plus grossiers, à stratification confuse et dirigée dans tous les sens et sous des angles très divers, à deux éléments (quartz et silex) comme les précédents. Les sables de ce niveau sont riches en fer hydroyxdé sous forme de grès en plaquettes, ou de géodes, dont les parois internes sont tapissées de poussière d'oligiste, ce qui prouve que l'hydratation n'est que superficielle. On y trouve encore, couchés dans le plan de stratification, des bois flottés silicifiés et ferrugineux. Vers le bas commencent à se montrer les galets noirs dont je vais parler tout à l'heure.

La notice de Provins ne cite, à la vérité, que les sables moyens, associés aux argiles. Elle y reconnaît bien les deux éléments, le quartz *en grains arrondis dans une gangue kaolinique* et les fragments de silex. Mais d'abord je ferai remarquer que les sables en question sont en majeure partie composés de quartz en grains anguleux, et que

quartz et silex sont intimement mélangés. Quant
à la gangue kaolinique, l'assertion est peut-être
téméraire. Sans doute la feuille fait allusion à des
sables argileux laissant aux doigts une matière
blanche et savonneuse. Est-il prouvé que cette
matière soit du kaolin, qu'elle ait, en d'autres
termes, une origine directement feldspathique? S'il
en est ainsi, nos sables sont eux-mêmes granitiques
et nous sommes en présence d'une masse éruptive.
Pourquoi donc, alors, le mélange intime de silex?
Pourquoi la stratification si évidente bien qu'irrégulière? En tous cas, la gangue argileuse, ou sup-
posée kaolinique, n'est qu'un pur accident, puisque
bien souvent les sables sont exempts de toute matière étrangère.

Les sables du niveau supérieur ont donné lieu à
des grès d'une extrême dureté et d'un volume souvent énorme. Le ciment siliceux qui les agrège est
quelquefois mélangé d'un peu d'argile, dit M. de
Sénarmont. Dans ce cas, ils perdent en partie l'éclat
brillant et lustré qui d'ordinaire les distingue. Ils
prennent même des teintes rougeâtres et pourprées
comme les argiles. Les grès, lustrés ou non, de ce
niveau sont bien connus sous le nom de grès *bâ-
tards* ou *cliquarts*, aux environs de Provins et de
Villenauxe, où ils sont exploités pour ferrer les
routes. Tels sont encore les grès *sauvages* de Champagne, irrécusables témoins de l'extension tertiaire
sur ce vaste théâtre de dénudation et d'érosion, à
moins qu'on ne les considère, avec certains géologues, comme des blocs erratiques ou de transport.

Jusqu'ici tous les auteurs qui ont écrit sur Provins et les régions voisines n'ont pas omis de citer

les grès lustrés de l'argile plastique. Mais, à ma
grande surprise, pas un n'a mentionné des roches
minéralogiquement identiques, quoique d'un aspect
tout différent. Ce n'est pas que les roches dont je
parle soient une exception, une quantité par conséquent négligeable. On les rencontre partout, ébou-
lées sur les flancs et jusqu'au fond des vallées; on
les retrouve en place immédiatement au-dessous des
travertins, dans les marnes sableuses de passage.
Ce sont des *conglomérats* rugueux et grossiers,
faits de fragments mal roulés et fortement consolidés de grès dur et grisâtre, ou teint des couleurs
vives de l'argile plastique, tout comme les grès
eux-mêmes. Bien plus, on en retrouve les éléments dissociés sous forme de graviers incohérents,
au contact des marnes lacustres. Évidemment ils
proviennent d'un remaniement partiel des sables et
grès supérieurs de la même formation. Leur dureté
caractéristique leur a valu dans la contrée un nom
dont l'euphonie laisse peut-être à désirer; on les
appelle vulgairement pierres *carnasses*. N'est-il pas
intéressant de recueillir ici la preuve certaine d'une
transition brusque et presque violente entre le dépôt
des argiles et celui des travertins? C'est du moins
la leçon qui se dégage, avec toutes les apparences
de la certitude, de la considération des grès remaniés de l'argile plastique.

Après cette restitution d'un fait important dans
l'histoire de l'argile plastique, j'ai hâte d'arriver aux
galets et poudingues siliceux de la base. Leymerie,
de Sénarmont, les feuilles de Sens et d'Arcis n'ont
pas négligé ce dépôt caractéristique des formations
littorales. La notice de Provins a-t-elle voulu l'in-

diquer à son tour en mentionnant un conglomérat de silex dans une argile ferrugineuse? Je n'en suis pas convaincu. La formule, si précise qu'elle en ait l'air, est en désaccord avec les faits. Sans aller jusqu'à prétendre que le conglomérat dans l'argile soit une fiction, je ne rougis pas d'avouer que je ne l'ai pas encore vu. S'il existe quelque part, ce que j'admets volontiers, il n'a pas, ce me semble, un caractère tel d'universalité qu'on lui accorde la priorité sur un dépôt bien autrement capable de fixer l'attention. Mais supposons un instant que le conglomérat s'applique justement aux galets et poudingues dont je veux parler. La formule donnée reste incertaine et contient une erreur. Elle est incertaine, car on se demande encore si les silex du conglomérat sont anguleux ou roulés, cimentés ou incohérents. Elle est erronée, car j'ai peine à trouver les poudingues dans l'argile. Çà et là, de Montereau à Villenauxe et au delà, sur toute la périphérie du Montois, je vois surgir des amas considérables de galets noirs légèrement aplatis, de forme elliptique. Dans cette masse incohérente se sont formés des poudingues dont la pâte, lustrée comme celle des grès supérieurs, est parfois infiltrée d'un ciment ferrugineux. Comment des grès, tels que ceux qui consolident ces blocs, auraient-ils pris naissance dans un milieu autre que des sables? Quant aux galets non cimentés, ils sont eux-mêmes enveloppés dans une gangue sableuse, ainsi qu'on peut s'en assurer au-dessus de Parousseau, sur le plateau du Ralloy. Le poudingue de l'argile plastique n'a donc pas d'autre lieu d'origine que les sables inférieurs dont j'ai parlé plus haut.

Je bornerai là mes observations relativement à la feuille de Provins. Je n'ai plus qu'à me résumer brièvement, en donnant ici, d'après mes recherches personnelles, la formule de l'argile plastique, ce nom étant pris comme désignation stratigraphique d'un groupe où l'argile n'est, à vrai dire, qu'un faciès de toute la formation. L'étage ainsi nommé est essentiellement composé, dans le Montois, comme il suit :

1° A la partie supérieure, sables et grès lustrés; conglomérats dont les éléments, fortement consolidés ou incohérents, sont empruntés aux grès précédents remaniés.

2° Sables quartzeux stratifiés, mouchetés de grains noirs de silex, au milieu desquels des argiles blanches, brunes ou panachées forment des subordonnées.

3° Lignites pyriteux à ossements et coquilles, argiles feuilletées à empreintes végétales, argiles ferrugineuses, le tout également subordonné.

4° Sables ferrugineux de quartz et de silex, renfermant à la base des galets et poudingues siliceux, en bancs discontinus.

Je crois inutile de rappeler, en terminant, que si les éléments de l'argile plastique se succèdent vraisemblablement dans l'ordre chronologique ci-dessus, d'innombrables lacunes viennent trop souvent jeter le trouble dans l'enchaînement stratigraphique.

TABLE DES MATIÈRES

PARIS. — E. DE SOYE ET FILS, IMPR., 18, R. DES FOSSÉS S.-JACQUES.

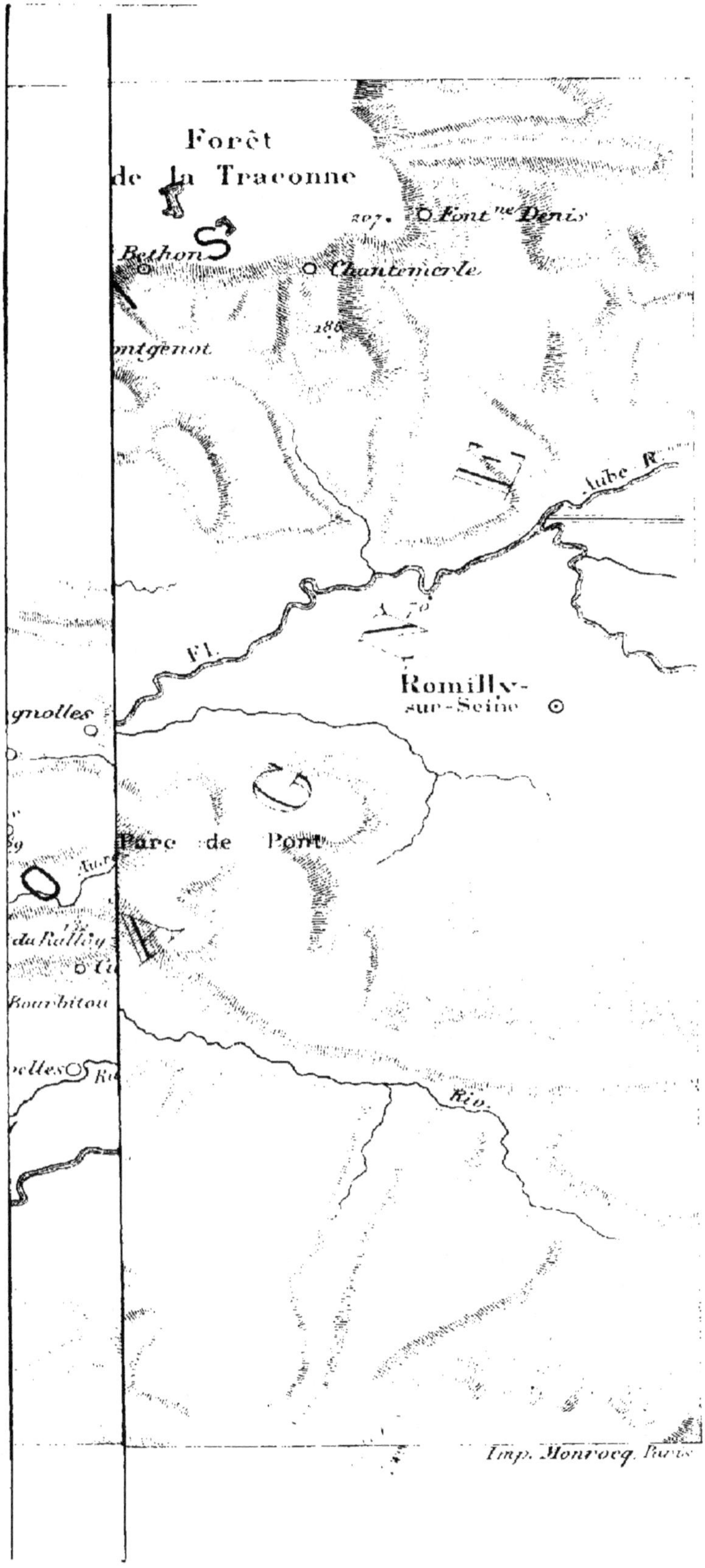

Forêt
de la Traconne

Béthon
307.   Font.ne Denis
Chantemerle

188

Montgenot

Aube R.

Fl.

Romilly-
sur-Seine

gnolles

Parc de Pont

du Ralloy

Bourbitou

elles   Rio

Rio.

Imp. Monrocq, Paris

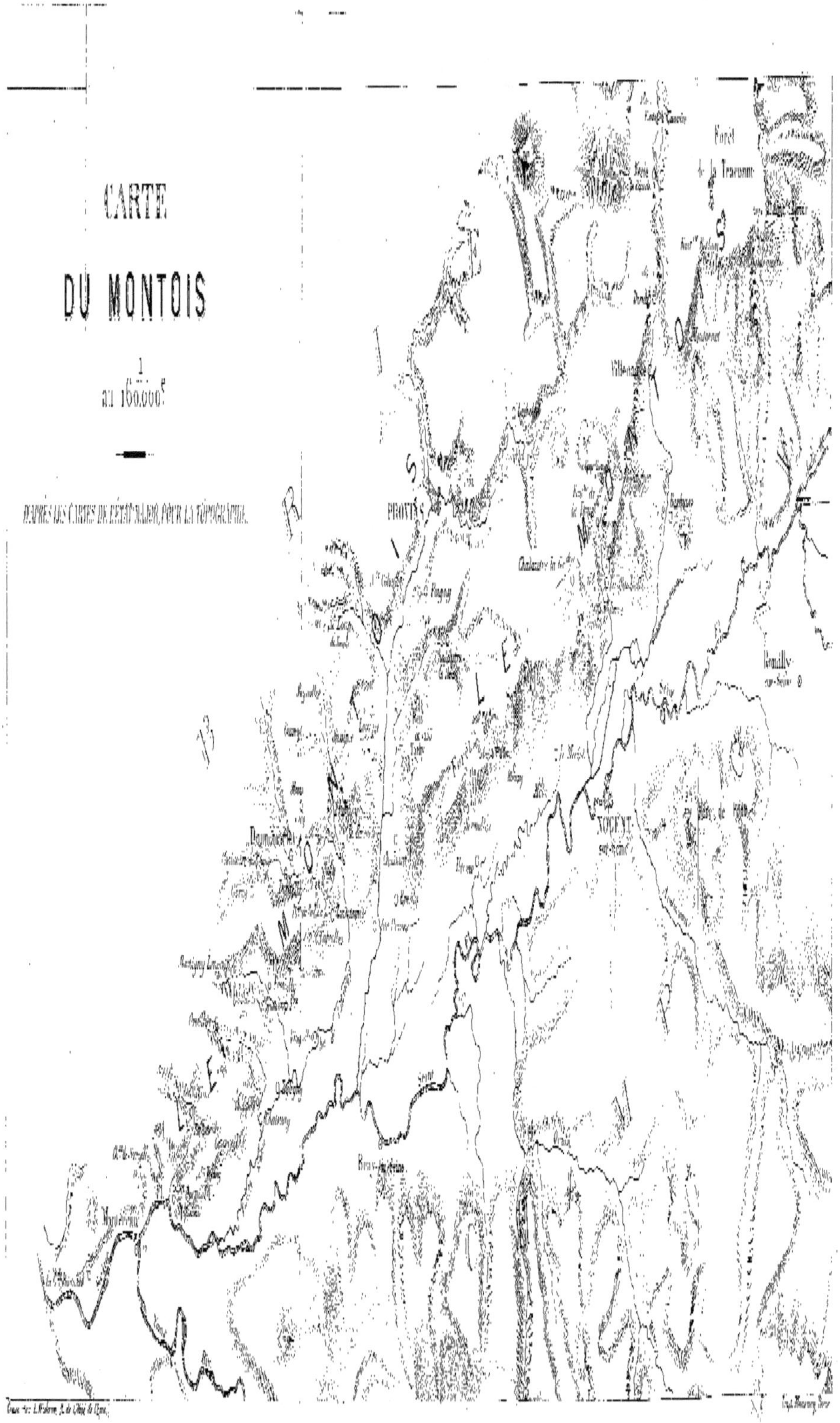

CARTE
DU MONTOIS
au 1/160.000ᵉ
D'APRÈS LES CARTES DE L'ÉTAT-MAJOR, POUR LA TOPOGRAPHIE.
PROVINS
NOGENT-sur-Seine
Romilly-sur-Seine
Forêt de la Traconne
Villenauxe
Chalautre la Grande
Donnemarie
Bray-sur-Seine